電玩遊戲腳本設計法

The Ultimate Guide to Video Game Writing and Design

弗林·迪勒 Flint Dille、

約翰·祖爾·普拉騰 John Zuur Platten 著

陳依萍、摩訶聖 StM4H4 譯

U0030082

目錄 ———————————————————

03 遊戲故事理論與對白   57

前言

擁抱混亂

　　這本書寫於激烈混戰之際。當我們把內容文字輸入到電腦螢幕上，手邊正同時處理著好幾款遊戲、電視和影片企畫案，而每件專案的開發和製作進度千差萬別。再過兩個小時，在城市另一頭有下一個會議要登場，一個個繳交期限迫在眉捷，要達成的專案完成度也有高有低。理想狀況下，合作對象能夠稍微寬貸我們，讓我們有餘裕一次專注處理一個案子。但現實生活和機遇可不會這樣如願發展。所以，一有機會寫，我們就好好把握，並且期盼這段旅程的後續開展。我們接受混亂的可能性，因為這往往就是能挖掘出真實靈感的源頭。

　　本書所寫的，恰恰反映電玩遊戲業界核心圈子裡如火如荼上演的景況。我們製作遊戲的同時，要經常接洽合作的發行商、開發人員、製作公司、設計師、和業務代表（偶爾還有知名演員），因而撰文會在中途受到打斷。但願跟你分享的內容可別因此亂掉才好。

　　大多數創意活動都有利有弊。好的一面是，我們拿出來討論的議題、分享的祕訣和技巧、以及遊戲開發業界的現狀，都是來自第一線的觀點。我們竭盡全力，把電玩寫作與設計的實務經驗與知識傳達給讀者。

　　壞的一面是，這本書並非架構非常嚴謹且有明確結論的純熟之作，這得歸咎於電玩媒材不斷變動的特性：不僅新平台陸續湧現，新產品也改變我們的思考方式。不過，書中所分享的方法和技巧，都是我們過去幾年來成功開發，且部分已經應用到多款熱門遊戲（其中確實也曾有失誤）與多平台的系列作品上。這些對我們相當受用，想必也能對你有所助益。

　　我們並沒有傲慢到只認為自己的方法才正確。要是遊戲業界有任何確

保成功的方法，事情就簡單許多，可惜事實不是這樣。我們時刻對新的可能性抱持開放態度：每個情境都需要採用獨特的策略和祕技。我們沒有魔法般的解決方法或是最終的標準答案。相反地，本書提供的是幫你奠定基礎的內容，讓你在實行自己的遊戲時，能排除常見問題。但很抱歉，創新的部分還是要靠你自己。

在這個仍在逐漸成熟的產業當中，身為專業人員的我們過去幾年來已經獲取、發展和精進廣泛的知識基礎，了解哪些方法適用、哪些不適用及其背後原因。在後續篇章，我們就能一窺究竟。我們希望給讀者的不只是想法上的見解，還有能讓你在遊戲產業確實取得能夠成功的優勢。

遊戲分成好幾種類型，而關於撰寫和設計這些遊戲的最佳方法，有著更多種理念。我們從過去以紙筆進行的角色扮演遊戲 RPG，到初代 Sega Genesis 的各式平台（編按：1988 年，日本電玩遊戲公司 SEGA 世嘉在日本發行 16-bit 家用遊戲機 Mega Drive，並於 1993 年推出較輕巧的第二版，在日本、亞洲、歐洲、澳洲等地稱為 Mega Drive 2；在北美則稱為 Genesis），再到現在我們進行中的 Xbox 360 與 PlayStation 3（PS3）專案，前前後後累積超過三十年的撰寫和設計經驗。我們相當幸運，現在每年大概經手八到十二件遊戲產品（許多案子重疊相連，因此我們戲稱自己是在表演轉碟雜耍）。不過話說回來，幾乎每天都還是能夠學到新的東西。

本書著重項目

我們主要經營由故事驅動的遊戲，通常分成以下五種型態：

- 動作 / 冒險遊戲
- 第一人稱射擊遊戲
- 生存 / 恐怖遊戲
- 跳台遊戲
- 奇幻 RPG（角色扮演遊戲）

也就是說，這本書並不打算涵蓋模擬遊戲、即時戰略遊戲、MMPOG（大型多人線上遊戲）、運動遊戲、甚至是純粹的益智遊戲。老實說，其中有些類型真的不在我們技術能夠掌控的範圍。講真的，遊戲的創作與設計高度專業化，需要大批成功又有名氣設計師、程式設計師、和美術設計把自己的才能投注在一款遊戲的開發，才能共創優秀的遊戲作品（以及良好的職涯與生計）。

幾年前，我們就已經很有意識地決定，要相信遊戲不僅是互動的娛樂，也是令人欲罷不能的媒材，用以說故事和發展角色。顯然並不是只有我們這樣想（而我們也不是最初如此發想的人）。遊戲產業中，熱門系列作品大多涵蓋敘事和角色的部分。甚至可以說，拿下銷售冠軍的足球遊戲就是因為採用了知名球評做為遊戲的「一角」，而得以持續火紅。

角色和故事引導玩家投入情感，再加上優秀的控制、設計與執行良好的機轉、運用想像力建構而成的關卡、精采的畫面、還有引擎順暢的物理運作，就有一些出頭的機會。再努力一點，加入能夠捕捉玩家想像力的元素，成功機率就八九不離十了。至少我們是這麼相信的，因此也在每一款負責的遊戲中致力達成這點。

現在，你已經曉得了我們的核心能力和志趣方向，以下提供參考框架：每當討論到撰寫和設計，我們採用的是具有強烈故事元素的遊戲脈絡。不過，就算你所做的遊戲（或考量要做的遊戲）超乎我們提供的主要類別範疇，書中也有許多關於遊戲和系列作品開發的普遍適用事實，相信能幫助你創造自己的作品。

本書涵蓋內容

我們希望能透過以下方法，幫助你培養撰寫和設計電玩的必要技巧：

- 讓你看見我們在遊戲產業中的現況、過去的經歷，以及未來發展的方向。
- 提供實務上的討論、方法和解決方案，讓你知道如何整合遊戲的設計與

故事，而使兩者相互搭配。

• 解釋如何與開發團隊合作，以及這段關係隨著專案進展會如何發展。

• 概述擔任遊戲腳本編劇或設計師會遇到的產業現狀。

• 提供你能完成的練習和專案（多數都是架構在單一的寫作或設計課程中），讓你釋放自己的創造力，並以腳本編劇或設計師的角度來思考。

　　如果你讀完本書也做完習題，有自信能寫出和設計出自己的遊戲，並與開發者一同實踐你的想法，我們就算是完成使命了。

誰應該讀、為什麼要讀這本書？

　　那麼，我們寫這本書是要給哪些讀者看呢？

• 有志進入遊戲產業的未來編劇與設計師。

• 想了解建構遊戲敘事這項獨特挑戰的資深編劇。

• 遊戲產業中貢獻遊戲內容的專業從業者。

• 創意執行者和授權人，有興趣挑戰以遊戲形式來開發和交付智慧財產權（IP）。

• 任何對於遊戲開發「業內人士觀點」有興趣的人。

• 如果你不是上述任何類型，但還是讀到這邊……那就是你準沒錯啦！

　　貫穿本書內容，你會看到練習題的小單元說明，還有具體行動，不僅能提升寫作及設計的能力，還能增加進入電玩產業的機會。我們把這些單元稱為「行動項目」（Action Item），並且挪用來自遊戲開發的術語進行分類：Alpha（預覽階段）、Beta（測試階段）與 Gold（完成階段）。每個行動項目都跟當下的主題有些相關，所以好好花點時間來完成，這些練習能夠強化我們講述的內容。另一個優點是，等你讀完這本書，你會順便得到一個良好的遊戲主幹，可當做日後的發展基礎。

電玩產業生存守則之十一教條

　　每個人都有自己所仰賴的核心信念，以下是我們在工作中遵從的教條（說明：十大教條大過浮濫了，所以我們想出十一項）：

1. **我們身處娛樂業，而非遊戲業**：我們把自己創造的內容視為娛樂，而把該娛樂體驗傳出去的平台才是遊戲。

2. **建構出來的設計與故事會需要砍掉重來**：所有的遊戲設計與故事都會受限於許多技術和製造面的現實，因而被迫中斷。中斷刪減是無法迴避的，所以要有事前預備。

3. **一定有人懂你不懂的東西**：當你以為自己什麼都懂的時候，會有人證明你錯了。所以，要向所有合作對象好好學習。

4. **對白只是戲劇冰山的一角**：在破碎的故事中添加對白，也無濟於事。好的對白和故事，來自於刺激戲劇情境中精心設計的角色。

5. **與團隊保持良好關係，才代表自己足夠厲害**：要是沒人願意聆聽、或在遊戲中實踐，世界上再棒的主意都是白費。

6. **敢於摧毀自己筆下的作品**：不要太過珍視自己的點子，或愛上其中一個點子，因為它往往會成為要被砍掉的那項，不過……

7. **維持你自己的視野**：這跟上述摧毀自己作品正好相反。要是失去自己在一個專案中的視野，或是失去最初靈感的簡中意義，那還有什麼好努力的呢？

8. **創造自己的交付項目**：你有多少貢獻，才會有多好的表現。

9. **別把燈光聚集在爛東西上**：每款遊戲都有自己的缺點，不要拚命去凸顯出來。

10. **選擇合作而非妥協**：合作的歷程類似於妥協，但比較正面。

11. **製造歡樂**：我們的工作不是要挖水溝或是執行大腦手術，我們是做遊戲的人。來吧，嗨起來吧！

比起藝術家，我們更寧願當工匠

我們不把自己視為藝術家，而是工匠。這樣比喻好了：我們就像在打造一張桌子。我們製作桌子二十年了，這些桌子使用上等木材、款式優美、非常實用且為屋子增添光彩。需要桌子，來找我們就對了。我們在預算內完成並準時交件。我們全心全力把所能做出最棒的桌子做好給你。所以說，在製桌方面我們是工匠。

幾週後我們會把桌子成品送到你家，你把桌子放到起居室，不僅完美搭配、符合你的需求，甚至超出你的期待。我們說了，製作桌子我們很在行。告辭時，你可能會說：「這桌子真美，就像是一件藝術品。」對你來說或許是件藝術品，但對我們來說那就是一張桌子。

這是我們對待工藝的模式。藝術家則是在受到靈感灌注、繆思女神降臨，或是星辰連線的時機底下創造作品。工匠和藝術家一樣，具備知識、熱忱、技巧和經驗，但還得每天拿起工具踏踏實實地動手幹活。要說這兩者只是用詞差異也沒錯，但總之我們相信這大大影響著我們如何看待「寫作」這件事。我們每天都盡可能拿出工匠的最大本領，並且真正去製作很多桌子。

讓我們出發吧！

繼續讀下去，你就會注意到我們專注在寫作基本原則：我們相信運動鞋品牌響亮的口號「做就對了！」（Just do it!）不管是從哪裡切入，重點是要找到某個地方開始動工。或許你的第一件作品不想讓客戶、或親朋好友、甚至是你的狗狗看到，但至少必須是你親手完成的作品。

務必記住這點：設計師職責中有很大部分是要有效地傳達自己的觀點。這通常是在書面上完成。事實上，我們在設計文件中看過一些一流的內容，但從沒公開發表過。我們合作的每一名設計師都很優秀。所以，就算你的

主要的興趣在於設計，還是要下功夫來研究我們提出的腳本寫作說明，這會讓你成為更厲害的設計師。

書中提供豐富技巧，希望你能盡快上手、開始產出內容，為自己的潛意識注入幹勁。資深專業人士都明白，大多數時候，創造出來的內容之後會自行整合成一體。

要是你的想法前後兜不起來怎麼辦？寫作跟任何學科一樣，都需要練習。有時候，創作行為本身比創作成果還要重要。如果你期待自己每一次敲打鍵盤產出的文字都是神來之筆，恐怕你會大失所望。不過，要知道，每當你坐下來寫點東西，都會比前次還要自在、更有信心。所以不要害怕探索點子。或許這些點子不會白白浪費，而是進入你下一個專案、或下下個專案。

歡迎各位加入我們，也就是電玩的世界。觀點不一很正常，大伙兒情緒會很高昂，不斷迎來各個里程碑，案子的最後關頭就快要來臨。世界上有太多美好、富有想像力、難搞、聰穎和氣焰狂妄的人。這個產業有著大筆預算、精湛科技和跨國企業。這片創作園地充滿無數機會，讓我們得以拓展對泛指為娛樂產業的視野。每一天，我們都很慶幸自己身處其中。

如果你有很棒的遊戲想法，本書能幫助你促進想法落實、進而在市面上銷售。這就是我們所做的事，我們很高興與各位讀者分享。

弗林・迪勒（Flint Dille）&
約翰・祖爾・普拉騰（John Zuur Platten）
——寫於 2006 年 7 月

01 數位宇宙中說故事的影響力

被 打斷的 引文

　　一本書的開頭通常是歷史沿革的講古。有時候，這些歷史內容似乎是為了讓作者（START）湊頁數，或是撩起一股懷舊情懷。討論電玩時我們不打算那麼做（SELECT）。我們是新媒體，還沒有純熟（X）也不清楚（X，X）最終會抵達何處。我們連自己身在何方都很難講清楚。

　　要找出某件事情發展方向的最好方法（△），就是觀察它過去在哪（□），並且從該處策畫出歷程。所以請耐心跟著（○）我們快速巡禮（START, SELECT, START）娛樂媒體的歷史。讓我們開始以大約一頁講一千年的速度拉回顧過去的五千年吧（START, START, START, START, START）。

　　好的，你現在一定很納悶上面這兩段文字一直被打斷的情況是怎麼回事。我們馬上進入正題，來看看這產業中最首要也最有價值的地方。如果以上段落是電玩中的過場動畫，對多半觀眾來說，畫面看起來大概是：拚

命按遙控器按鈕來跳過敘事，接著開始動作。事實上，你在玩遊戲時可能也這麼做過。我們多多少少都有「這些人幹嘛一直囉哩八唆？我還等著要使用這些酷炫武器和轟炸敵人。快讓我動手啦！」

α 行動要項

打一場遊戲

明天之前，找個空檔坐下來打場遊戲，最好是一款主機遊戲。玩上半個小時，結束後寫下一段遊戲體驗的簡短總結。

記住，在為電玩這類互動式媒體創作內容時，你的觀眾會期待參與其中，能夠控制和遊戲。當然在真實狀況中，所謂的控制只是一種錯覺，或頂多是暫時的情境，但人類確實很喜歡這種感覺。

生物學家羅伯特‧薩波斯基（Robert Sapolsky）在他的著作《為什麼斑馬不會胃潰瘍？》（Why Don't Zebras Get Ulcers）中，主張創造快樂的兩件事，一是「控制」（control），如果無法控制，則要有「可預測性」（predictability）。因為遊戲設計大多都是希望玩家能以非預期性的方式參與，所以控制就變得重要許多。

你所有的寫作與設計都會受到最終傳達之媒體的影響和啟發。以電玩遊戲來說，身為編劇的一大挑戰是創造出引人入勝的內容，能吸引玩家並增強整體的遊戲體驗，不造成干擾或是拖垮步調。好的，細節留待後續再說，我們要先接續前面沒講完的部分……

古今簡史

數千年來，專業的說故事是由某個人向觀眾述說民間傳說故事，或許是圍繞著營火來進行。人類會長久地記住這些故事，並且以口述方式一代傳過一代。有些故事不斷受到增潤、更新和淬煉。寓言故事經過改寫，配

上音樂與節奏，而故事元素也重新調整來配合講述者和觀眾。

最終，大概到了荷馬（Homer）的年代，有人開始將舊聞軼事和傳奇給寫下來，於是西方世界的口述傳統走向消亡。長篇史詩和較小規模的民謠風行，劇院演進，小說也是。到了第四世紀，戲劇傳統已經相當發達，使亞里斯多德（Aristotle）得以寫下《詩學》（Poetics）這部開創性的著作。

接著，大約到了二十世紀末，整個流程加遽進行。電影產業誕生。起初新奇的發明，後來成為錄製戲劇給後世觀賞的方法。看起來，每一種媒體都自然而然地跟隨前面的媒體（遊戲也不例外）。不過早期創作者如格里菲斯（D.W. Griffith，編按：美國電影導演，代表作是《一個國家的誕生》〔The Birth of a Nation〕）就發現，電影可以透過影片剪輯、移動攝影機、和變換不同鏡頭來產生各式效果。說故事不只可以透過文字，也可以透過影像。攝影鏡頭的擺設、燈光、角度、剪輯、並置動作的方式，還有音樂，林林總總的元素與手法都能說故事；而文字只能以字卡方式在螢幕上閃現。接著再加入聲音，拍片的人就能夠選擇新的聲部和效果組合。電影語言於焉誕生。

電影語言

現在大家都知道，如果先帶出餐廳外的場景，接著切換到兩人坐在餐桌前的畫面，外部場景將建立起人物的所在地點。在看過上千小時拍攝的娛樂內容後，我們已經很明白觀看這些段落時會發生什麼事：視覺畫面和剪輯處理讓我們得知兩位角色的座位是在前面那個餐廳鏡頭當中。這件事簡單明瞭，但對於早期的電影工作者和觀眾來說是很新鮮的事情。一直到有人大膽提出創意發想，才以畫面溶接（dissolve）來表示時間的流逝。早期導演遇到的困難，就是如何以有效又直白的方式將資訊傳達給觀眾。

我們在製作電玩也有類似的難處：創造專屬於這種媒體的語言。現在，我們常常仰賴跟影片一樣的時空轉換技巧，且經常採用電影或過場動畫（遊戲中非互動的故事時刻）的形式。

拆解電影語言

觀看電影或是電視劇的一個段落,把元素一個個列出來。場景如何開始?如何結束?運用怎樣的電影語言「技倆」將資訊簡要地傳達給觀眾?

大眾媒體

電台問世造就了上百萬人能同時體驗的大眾媒體,彼此共同娛樂而沒有時間差。奧森‧威爾斯(Orson Welles)把 H. G. 威爾斯(H. G. Wells)的《世界大戰》(War of the Worlds)改編成電台廣播劇,讓人見識到真相與虛構的界線一旦模糊會發生什麼狀況,並因而改變了世界。更早之前,威廉‧倫道夫‧赫茲(William Randolph Hearst)用煽動性的報導(黃色新聞)帶給我們類似的啟示。這種把虛構故事當成現實報導的狀況,對美國的政治辯論造成莫大影響。

提到報紙這個主題,就不得不講到連環漫畫。《黃孩子》(The Yellow Kid)出刊時,利用圖像說故事不算是新的藝術,但每日連載則是新的點子。現在,我們第一次擁有日復一日、年復一年的角色和故事。這種媒體不斷更新,並且趣味依舊。對一九三〇年代的孩子來說,太空人巴克‧羅傑斯(Buck Rogers)就跟報紙裡頭看到的其他東西一樣真實。難怪這部每日連環漫畫催生了當時吊人胃口的續集電影——這媒體本身跟電玩寫作與設計的主題有著緊密關係。許多絕佳的漫畫超級英雄都有著超凡的吸引力。舉例來說,蝙蝠俠和超人角色早在幾個世代前就已創立,但在我們的遊戲工作中,他們仍然是持續熱賣的系列作品。以蜘蛛人或綠巨人浩克延伸的熱門遊戲也是同樣情形。

到了漫畫盛行的年代,我們也看見通俗雜誌和小說的興起。通俗故事

的格式更適合連續的角色發展。每個星期「魅影奇俠」（The Shadow）都
會有一場新冒險，並在廣播電台上播出。這個故事角色其實並不新，早在
電台和漫畫問世的幾千年前就已經有希臘神話中的英雄角色大力士海克力
斯（Hercules）。然而新的概念是，角色本身可以成為產業，不附庸於某
一種特定媒體，而涵蓋娛樂業中的多種格式。最後，通俗英雄走向兩個同
樣重要的媒體，一是漫畫書裡的超級英雄、一是冷硬派偵探，這兩條分支
各自加速增長。

　　接著，廣播劇和電影生出了一個叫做電視劇的混種產物。雖然第一代
電視劇是拍攝出來的廣播劇（這些仍是電視「黃金時代」的幾個最好的老
節目），但也預示了全新媒體的到來。

　　那這全新的媒體會是什麼呢？（START, SELECT, START, ×,
START）敬請期待……

◉ 是主題樂園而非遊樂園

　　另一個進展則是華特・迪士尼（Walt Disney）的出現，並且在說故事
方面有精湛的表現，也就是打造主題樂園。想想「主題」（theme）這個
詞，這是寫作的經典元素，但是被人運用到雲霄飛車上。在迪士尼，可以
實際體驗到原先只存在於電視和電影當中的虛構世界。「馬特洪雪橇過山
車」（Matterhorn ride）比爬山輕鬆也比真正的長雪橇安全，卻同時提供這
兩項活動的美好之處。你不用深入險境，就能成為冒險家。「叢林巡航」
（Jungle Cruise）或「加勒比海盜」（Pirates of the Caribbean）的目的是重
建迪士尼娛樂世界的虛構體驗，不是真正要去到非洲或是跟真正的海盜面
對面。不管是現在還是曾經，這都是關於虛構故事的虛擬體驗。安啦，不
用擔心出事！

　　如果你覺得「愛之隧道」（tunnel of love）是迪士尼路線的前身，你
還真答對了。不過迪士尼可說是很有遠見，畢竟先前許多人都不是很看好。

最重要的是，迪士尼設施讓人在真實世界裡也能像是置身在故事當中。

角色扮演遊戲（RPG）

　　大約在1970年代中期，角色扮演遊戲（RPG）問世。這種遊戲形式結合了微型戰爭遊戲、統計數據、主題式沉浸、和綜合的虛構世界，使人能在玩家創建的現實中與親友互動。從許多方面來看，《龍與地下城》（Dungeons & Dragons，簡稱 D & D）的創作者蓋瑞・吉加克斯（Gary Gygax）及其伙伴之於遊戲界，就好比愛因斯坦之於物理界一樣。遊戲不僅僅是移動桌面上的迷你人物，而是在腦海中移動整個世界，大腦在當時被稱為「終極個人電腦」（ultimate personal computer）。扮演角色時，你在一個不存在的世界裡變成另一個人，無論是英雄或是反派角色。其他玩家則根據個別角色，是「跟你同行的冒險伙伴」。所有人一致認為這是一大創舉。在這樣的遊戲架構下，你可以像七歲時在後院玩戰爭遊戲一樣地「模擬打仗」。你可以直搗惡龍的巢穴、從地下城中拯救出術士、與神祕生物對戰，創造大時空尺度且難以計量的冒險。更重要的是，玩家們共享著一個另類實境（alternate reality），也多虧有一系列規則，遊戲玩起來才「公平」。

　　這一切之所以能成功並且持續有效，是因為（從我們編劇的立場來看）每一位參與者、遊戲中的角色都在遊戲的脈絡中成為內容創造者。遊戲同時存在於真實世界，也存在於玩家的想像之中。這會持續下去：你創建的角色成為你在 D & D 宇宙中的「替身」（avatar）。D & D 強大又令人著迷的元素在於它不僅為玩家立下規則和架構，也解放玩家的想像力，任其自由馳騁，這樣的冒險是過去平面類或軍事模型遊戲達不到的。不過，遊戲型態最大的改變或許在於：你並不是在操控角色，你自己就是那個角色。第一人稱遊戲誕生了，這對玩家和整個遊戲社群的影響非常深遠。現在的電玩業界，仍可以感受到 D & D 的影響力。

在離開 RPG 話題之前，我們要再提出一個重要的元素。這是遊戲首次出現內建的說故事者。地下城城主（Dungeon Master）不算是真正意義上的玩家，而是引導玩家參與冒險的說故事者（有時還要身兼裁判）。這樣一來，遊戲不見得要相互競爭。事實上，相互合作成為遊戲體驗中的一大元素，也是玩遊戲的樂趣之一，因為遊戲玩家都接受同樣的實境，以及地下城城主所呈現的冒險故事。

遊戲系列大作的誕生

《龍與地下城》蔚為風潮不久以後，《星際大戰》（Star Wars）電影顛覆了以往的娛樂宇宙，因為它融合漫畫、懸疑故事、電視節目和影集的方式前所未見。這似乎是一種令人驚詫的全新做法，卻同時讓人倍感熟悉。

喬治・盧卡斯（George Lucas）的星童（star-child，編按：在此指其筆下作品；原本在民間傳說或虛構文學中是指來自外星、而非人類後代的嬰孩）運用全方位的拼貼手法。這部作品同時有荷馬史詩的味道；承載西部片形象，有《拂曉巡邏》（Dawn Patrol）電影風格；又參雜懸疑手法和《綠野仙蹤》的韻味，再加上受到傑克・科比（Jack Kirby）《新神族》（New Gods）等漫畫書，以及禪學遇見新世紀福音的美學所影響。這部集大成之作成為後繼者的引路明燈。《星際大戰》奠定了我們所謂「系列作品」（franchise）的標準。這是超越單一媒體的娛樂資產。除了電影本身，也衍伸出無數的玩具、遊戲、服裝、書籍、雜誌和蒐藏品。《星際大戰》跟《星際爭霸戰》（Star Trek）一樣，有著殷切期盼能推出更多產品的瘋狂粉絲（《星際爭霸戰》原著系列有著癡迷靠片（cult）的地位，不過一直要等到《星際大戰》率先成為系列作品後，它才跟上腳步）。

《星際大戰》第一集電影推出時，大家玩起了叫做《太空大戰》（Space Wars）的遊戲（現在網路上還找得到這個遊戲的模擬版本）。當然，那有異於現在採用跟電影一樣角色的《星際大戰》遊戲，但跟宇宙互動的感覺

卻像是在電影院體驗到的那樣。

早期是透過遊戲體驗來說故事

　　原本的電玩遊戲，像是雅達利（Atari）公司經典的《爆破彗星》（Asteroids）、《飛彈指揮官》（Missile Command）和《大蜈蚣》（Centipede）都沒有說故事的元素，但還是有敘事的安排。遊戲設計本身致力於呈現遊戲體驗所在的虛構奇境。《爆破彗星》是太空冒險遊戲，一架由你駕駛的孤獨星艦為了求生，努力抵抗彗星轟炸和太空中的外星人襲擊。在《飛彈指揮官》裡，你要偵查洲際彈道飛彈，以守衛城市免於遭受摧毀。雖然沒有過場動畫，但光是描述遊戲的玩法，等同於定義了這些遊戲的故事。

　　但這些早期作品幾乎主要都只著重於遊戲設計的體驗：之後才出現互動與敘事的結合，於是有了互動敘事（interactive storytelling）。

故事敘事者的傳統

故事敘事者的傳統最早並不是從電腦遊戲、自選道路的小說（《多重結局冒險案例》〔Choose Your Own Adventure〕）、或是《龍與地下城》。對大多數人來說，那最早起源於睡前時光，有人答應要講故事給你聽。你知道他們要哄你睡，而你不想上床。你想要盡可能撐久一點，因為他們會離你而去，留你一個人在房間。要是你聽完這個故事就睡著、孵育出甜美的夢境，那就是皆大歡喜的成功故事。

晚安故事的開頭大概都差不多。選擇你要的童話故事，那些不管在哪裡都世世代代流傳、眾所皆知的老掉牙故事。像是《糖果屋》或《灰姑娘》，諸如此類。每個成年人都能說出這些故事。大家記得不同部分，重視的點也不盡相同。有些人會把恐怖成分拿掉，你卻是記得一清二楚；有些人強調可怕的地方，結果害你做惡夢而倒大楣；有些人把順序搞錯，你會提醒他們少了什麼；有些人會加油添醋，或是把整個故事導引到完全偏離的方向。

說故事給你聽的人是誰呢？或許是很會自由聯想的祖母，她充滿想像力，甚至會在故事裡添加一些弗洛依德元素，把你逗得開懷大笑。重點是你把故事分享給在乎自己的人，結果達到雙贏。或許要等到你跟朋友一起玩過《龍與地下城》，才會有生動的說故事體驗。有了互動式體驗後，就算有時間差距或是不同目的，體驗起來都有驚人的相似之處。

無論故事內容，床邊故事都延續了數千年前的口述傳統。我們在童年時期聽聞而沉浸其中的故事，至今仍影響著我們的想像力，只是我們自己並不一定曉得。在研究大藝術家時，你一定能發現有關他們兒時與電影、電視、文學，以及他們與當今最新的電影製片、演員、遊戲的互動情形。

這就是遊戲的精髓——我們彼此分享和談論的刺激體驗。遊戲能帶來影響並留下深刻印象，這通常是傳統娛樂做不到的，因為我們是玩遊戲過程中的主動參與者。

說個床邊故事

說一個床邊故事，最好說給一個孩子聽。不要照著書上讀……用你的回憶來說故事，或是自己編一個故事。盡可能天馬行空、多加修飾。唯有這次我們會鼓勵你盡可能講到讓觀眾睡著。寫下你對這次體驗的想法。哪些有用和哪些沒用？有什麼靈感出現嗎？有的話，想想是怎麼出現的。你能再做到一次嗎？

電玩產業已經進入到第二代才藝大賽，因而現今的設計師、製作人、編劇、美術設計師和程式設計師，都能回顧他們小時候玩的電玩。許多核心機制與遊戲模式都進入到他們自己開發的遊戲專案之中。今日我們透過電玩所創造的遊戲體驗，也會影響下一代藝術家的創作。

電視演進

我們在玩主機遊戲（console game）時，幾乎都會盯著電視螢幕。這就是我們與節目內容互動的最終視覺傳達媒體。儘管我們看電視時坐的椅子或沙發跟玩遊戲時同一張，但是不同於玩電腦遊戲（PC game）。使用電腦玩遊戲除了立即性以外——還有一股親密感。人就坐在螢幕前，用滑鼠和鍵盤控制遊戲，把心思輸進你為電腦所創造的空間。對很多人來說，電腦前面也是工作的位置，所以我們會打造一個友善電腦使用者的環境。

情況放到電視前面也一樣，我們在這裡舒舒服服地看電視。我們通常坐在電視機前，期望被娛樂或接收資訊。我們可沒把這個「懶人箱」當做工作場所，這在布置觀看電視環境時就反映出來。因此，我們在玩主機遊戲時的心態就已經受到看電視的微妙影響。在撰寫和設計遊戲時，我們可能會忽略這兩種媒體的些微差異。不過，玩家打電玩時在螢幕中看到的畫面與所在位置之間的關聯，對於遊戲體驗有著深遠的影響。

在二十世紀後半葉長大的人們從電影、書本、雜誌等媒體上得到線性的故事。但最接近非線性式敘事的（如果放在後設故事〔metastory〕的脈絡中來看）則是每週的電視節目。那就像是把撲克牌組攤開，每週重新洗牌一樣。我們以一部早期的電視連續劇《安迪格里菲斯秀》（Andy Griffith Show）為例。劇中安迪和巴尼坐在警局／監獄／法庭，然後有人開門，開始向他們說故事。無論是奧佩想要贏得拼字比賽，或是州長來到城鎮，又或是大阿姨要幫安迪安排相親等等，到了該集收尾時，一切都會回到原點，下週大家又都回到梅貝利警局，等待新故事開始。當然，情節會有一些連貫。塞爾瑪‧盧和巴尼有著藕斷絲連的關係，安迪和女友的感情也不斷邁進，直到最後兩人共結連理。有些臨時角色來來去去：戈梅爾離開劇組去經營自己的節目《海軍陸戰隊上等兵戈梅爾帕爾》（Gomer Pyle, U.S.M.C.），也就是脫離原劇的衍生節目（《安迪格里菲斯秀》本身則是衍生自《丹尼托馬斯秀》〔Danny Thomas Show〕），另外加入了新成員古柏。在故事某個時刻曾經現身的歐內斯特 T. 巴斯（Ernest T. Bass）很受觀眾青睞，所以他後來又時常回到節目裡客串。或許有一些角色原定要繼續演出，但實在待不下來，於是劇中就安排他們遠行到帕樂山去，之後就再也沒出現了。最後，連主角安迪都走人，所以這部電視連續劇改名為《梅貝利鄉村免費郵遞》（Mayberry R.F.D.）。

當時的電視節目帶來全新的互動性，影迷意見大大影響節目進展就是一例。事實上，《星際爭霸戰》是第一個完全由影迷來決定存亡的節目，一整季都靠著影迷支持而得救。現在因為有了網路即時回饋，製片人和節目經營者（把節目經營下去的編劇和製作單位）很快就知道要怎麼調整節目來回應觀眾期待，且在愈趨分裂的市場中，有愈來愈多電視劇全面仰賴偉大的影迷。

電視也為其節目設下格式，這對觀眾來說已成為再自然不過的事。就像電影一樣，電視有自己的獨特的語言。觀眾在看喜劇、劇情片、醫療片或警匪片時，知道可以期待什麼。不論內容為何，每一種電視劇類型所呈

現的都可以預期、依循格式，有些人甚至會說那是如此熟悉舒適。

這一切在 1981年有了轉變，因為《霹靂警探》（Hill Street Blues）開播，並它打破了所有規則。這齣劇既是犯罪劇情片，又是黑色喜劇，也是群戲（ensemble character drama），同時有好幾條故事線在發展，場景（和攝影畫面）混亂，角色同時說話和吼叫，部分對白甚至到了讓人聽不懂的地步。在一個鏡頭中同時有好幾件事發生，動作也照這樣子安排。鏡頭並沒有聚焦到某一塊區域，來提醒觀眾該把注意力放在哪裡。向前推進的故事線沒有每週告結，情節複雜，表現手法涉及一大群有性格瑕疵的多位要角。雖然故事以弗蘭克‧弗里洛警長（Capt. Frank Fruillo）為核心角色，但這個節目也會跟進任何一位角色，讓他成為某一集主角。結局從來都不會那麼圓滿。

起初，觀眾不知道要怎麼反應，所以興趣缺缺。不過，等到大家跟得上《霹靂警探》的特殊語言，便開始看得入迷，因此這部連續劇叫好又叫座。直到如今，有好幾齣電視節目都受到《霹靂警探》的影響。它也讓觀眾習慣於另類的敘事與娛樂形式，這很大一部分當然也是我們今天在電玩裡頭所做的事情。

無論如何，大眾電視節目埋下了互動性的種子。而因為我們人，生活在不斷前進的時間長河裡，節目也勢必要推陳出新。飾演劇中人物的演員一年年老去、死亡，或為了自身的電影星途而離開劇組。為電玩鋪路的下一個墊腳石——動畫，則沒有這個問題。

傳統動畫扮演領導角色

卡通角色不會變老、不會變胖、沒有排戲行程問題。他們也不會想要跳槽。動畫角色完全遵照編劇和動畫師的意願來行動，跟電玩角色一樣。他們本身不會改變，而是隨著媒體變動而改變。想想看長壽電視節目《辛普森家庭》（The Simpsons），儘管美術細節有些許改變，編劇和製作人

來來去去，與配音員的合約偶爾有些衝突，不過整體來說，這個節目基本上跟它在八○年代開播時比起來差異並不大。除了許多位打造這個節目的創意能手，它能成功的另一大原因在於熟悉感與連貫性：「霸子」（Bart）和「花枝」（Lisa）跟我們在二十年前所見的孩子沒什麼不同。

事實上，借助數位媒體的力量，除了能讓人停止老化以外，還能進一步逆齡。本書撰寫之際，演員史恩·康納萊（Sean Connery）回歸他最知名的角色「007／詹姆士·龐德」（James Bond），以他在 1963 年拍攝電影時的面貌出現在《第七號情報員續集》（From Russia with的同名遊戲當中，真實世界的史恩·康納萊在就算已經當爺爺了又如何？在遊戲還有光碟片中，他就是007詹姆士·龐德，永遠維持三十三歲。

電玩做為另類動畫

儘管主機遊戲的各家業者競相達到照相寫實效果，但從很多方面來說，今日的電玩遊戲和動畫相似處較多，更甚於真人演出的影片。遊戲很少仰賴錄製的內容。相較之下，遊戲的角色與遊戲世界會打造成 3D 形式，採用的套裝軟體基本上與電腦生成的影片與視覺效果相同。操刀的動畫師可能同時在遊戲與傳統娛樂產業工作。配音員的安排和動畫片差不多。音樂和音效也是同樣道理。當然，最大的差異在於設計、工程（編寫程式）和內容創作。不過，要是你進到頂尖的 CGI（computer-generated imagery，電腦生成圖像）辦公大樓，參觀頂尖遊戲開發商（又稱為「A 級」開發商），就會看到大多數人都做著大同小異的事情。

電玩發展的三大時期

我們快速瀏覽電玩發展的三大時期，以及這三個時期對於我們身處電玩產業的啟示。

原始期

電玩的第一時期（我們採用「原始」一詞並無貶義）。硬體很限縮，所以故事要不扮演中心角色（以文字為主的遊戲），就是被分派到後頭（街機遊戲）。這時期的遊戲主要取決於玩家願意在遊戲體驗中投注多少想像力。圖像可能很基礎，但如果遊戲玩法令人著迷，那麼玩家就會自動填補科技無法傳達的空白。

早期快打遊戲（twitch game，或採音譯為「推趣遊戲」，仰賴玩家快速互動和輸入的遊戲）稱霸主機遊戲市場，由雅達利公司打頭陣，Intellivision 後來居上。

多媒體時期

接著，我們進入「多媒體時期」（又稱傻來塢〔Sillywood〕）。這時期有了初代的光碟片，大家紛紛投入這個行列。這時期最令人印象深刻並具有深遠影響力的遊戲是《迷霧之島》（Myst）。這是一段美好的啟蒙時期，「目的轉換資產」（repurposing asset）一詞蔚為流行。可以把一切變得有互動性，把一切製作成為遊戲。提摩西・賴瑞（Timothy Leary）把多媒體稱為迷幻藥。數百個遊戲品項之所以能推出，只因為其互動性。

當任天堂（Nintendo）和世嘉（Sega）旗下主機遊戲蓬勃發展，他們也見識到多媒體的爆炸性發展，最令人矚目的是 Sega 光碟的互動性 FMV（full-motion video，全動態影像）遊戲。

有著眾多敘事分支的互動性遊戲處於混沌狀態中，眾人卻自滿地以為這些已經是娛樂界的重大突破（從各方面來說，遊戲的故事敘述還在處理這時期所出現的反撲力量），可惜實情並非如此。大約在 1996 年的聖誕節前後，多媒體時代走向衰亡，卻也預示了未來的 .com 風潮。

精密時期

緊接著，「精密平台時期」隨著 PlayStation 問世而登場。此時，遊戲圖像寫實程度之高，吸引了眾人目光並豎指讚譽（遊戲界把呈現驚豔視覺的遊戲稱為「眼睛的蜜糖」，快步調的快打遊戲則稱為「指尖的蜜糖」）。主機遊戲開始使用 3D 顯示卡，寫實成了新標準。第一人稱射擊遊戲則有該類型的發展，包含主機和 PC 版本。街機平台遊戲如《袋狼大進擊》（Crash Bandicoot）成為系列大作。我們也發現了多玩家與電腦連線的初步跡象。

如今我們來到「精密平台時期」的中段。我們要觀察 Xbox 360 和 PS3，或任天堂 Wii 會不會帶領我們邁向新階段。此時，遊戲的視覺驚豔效果和深度均有所提升，但設計方面並沒有大躍進。

行動要項

α 復古的想像

找出一款你喜歡的現下遊戲，想像將其設計套用在早期電玩遊戲的科技上，例如雅達利 2600。哪些遊戲元素可以實行？如果你可以進行該遊戲的核心機制，你會介意圖像變得簡陋嗎？要是你認為你最愛的遊戲無法乘時光機回到過去，問問自己那是為什麼，把你想到的答案寫下來。那會有趣嗎？這遊戲還有可取之處嗎？

就好比任何時期的中間階段，通常很少會有創新之舉，主要著重在提升美感與潤飾。我們看到許多授權作品、續作、和仿作。進步是漸進的，不要期待有什麼耀眼的嶄新內容（但美感確實有迷人的進展）。我們都可以想到例外，但例外總是反過頭來證明了原則。不過，也別把這視為停滯，這是一種穩定現象。最創新的點子往往並不來自於持續推擠原有的內容，而是以新的眼光來看待，或利用原有的內容來做些出乎意料的事。創造力不需仰賴科技的不斷演進，且理應如此。

在我們所處的這個時期，令人期待的是遊戲產業更勝以往，而能跟其

他娛樂型態互相較勁。電視少了一些觀眾，因為與其要他們看重播，還不如來打場遊戲。熱賣的遊戲超過電影票房。俗話說，尊重不是討來的，而是自己贏得的。這麼看來，遊戲產業已經贏得了尊重，成為不容小覷的力量。整個娛樂社群已經注意到這點，也有不少情況是他們也想要一同參與。

現在輪到你了！

現在我們要攜手展開在電玩宇宙中的旅程，結合先前所說的各種說故事方法，用過往難以想像的方式來操作世界和角色，你能夠參與其中。過去在娛樂史上沒有發生類似的景況。電玩遊戲令人著迷且不可自拔，帶來震驚與滿足，以及憤怒、挫敗、刺激、驚愕和愉悅等種種情緒；偶爾，遊戲也會成為我們的一部分。

好，說了這麼多理論和歷史，現在要真正動手了。

按下「START」鍵吧！

02 遊戲故事架構與工作方法

首席遊戲設計師與遊戲編劇的區別

本書將探討首席遊戲設計師（lead game designer，譯注：某些地方會將遊戲設計師稱為企畫，將首席遊戲設計師稱為主企畫）與遊戲編劇（game writer）的任務與職責。儘管他們的工作內容大量重疊，但還是該釐清兩者之間的區別。

首席遊戲設計師

設計師負責遊戲中的所有創意內容，包括角色、世界、核心玩法、關卡布局和設計、核心機制、武器、玩家技能、故事、可用物件、儲物系統、遊戲殼層、遊戲控制等等……你懂的。我們可以把首席遊戲設計師想像成電影導演，但凡玩家所能見到、用到、開槍射擊、修改、探索甚至掌握的，都屬於他的職責。

首席遊戲設計師與整個遊戲開發團隊合作，以期能達成遊戲的願景。

遊戲編劇

遊戲編劇顧名思義，主要關注遊戲的敘事內容，及其如何融入遊戲玩法之中。遊戲敘事內容包括故事、角色、世界、神話、生物、敵人、神祕力量、寫實或虛擬現實、科技等等。遊戲編劇經常參與高階設計（high-level design），因為故事與遊戲玩法必須完美結合，創造出引人入勝的遊戲體驗：與故事連結的遊戲機制往往能帶來良好的遊戲體驗。

遊戲編劇為遊戲中所有需要敘事設計的部分撰寫文案腳本，無論是預渲染（pre-rendered，又稱「預錄」）或遊戲內（in-game cut scenes，又稱「實機即時運算」）的過場動畫，甚至是角色們的台詞對白。遊戲編劇也可能需要設計遊戲中暗藏的神話元素（例如神聖卷軸上的文字）。

遊戲編劇通常需要與首席遊戲設計師和遊戲製作人保持密切合作。

電玩遊戲內容創作面臨的獨特挑戰

有許多方法可以建構你的故事。從光譜一端的線性路徑（linear path）到另一端的開放式敘事（free-flowing narrative）。本節中，我們將概略分析遊戲試圖講述的故事類型。在此要先聲明的是：所謂的類型並非絕對，在我們提出的類型之外還有一百萬種混合體。然而討論總得從某處開始，所以我們列出不同的故事類型，說明它們如何影響遊戲的編劇。

如果你是影視編劇出身，那你應該會發現相較於影視作品，遊戲寫作有其獨到之處。反覆迭代的過程意味著不斷地調整和修改。儘管電影有時也會在接近開拍、甚至正式開拍後進行修改，但遊戲寫作過程卻總是如此。修改即是過程的一部分。接受它，因為這代表身為遊戲編劇的你正在前進。如果電影採用遊戲的流程，那麼拍攝一條街的建立鏡頭（establishing shot 譯注：一場戲開始時，用來交代地點明確位置的鏡頭）就會像這樣：

拍攝街道；

我看，加點雨吧；

拍攝街道；

我看，把店面漆成紅色的；

拍攝街道；

我看，把車移開吧；

拍攝街道；

我看……不要下雨比較好；

拍攝街道；

我看……試試改成晚上好了，下點雨；

拍攝街道。

發生一堆諸如此類的事情。在傳統製作中，如果沒有考慮周全就開拍
的話，高昂的成本會成為最主要的問題。而在遊戲製作中，創意的產生奠
基於其他創意、關卡、甚至是核心玩法。專案可能會連續好幾個月不斷修
改，直到遊戲進入 Beta 階段（就在正式發布之前）為止。

當我們動筆時，通常會相信（希望）故事的核心問題會自己解決。但
不幸的是，這種情況很少發生。而在過程中的某一刻，我們很有可能被迫
回頭重新解構敘事，以追溯故事中心的某個元素。當你的故事遇到看似無
法解決的障礙時，回頭看看。問題和解決方案很可能早已存在，就在你之
前設定、或動筆後隨即寫下的故事基本結構元素當中。這也是我們非常重
視準備工作的原因。現在，一起來看看如何架構一款電玩遊戲吧。

玩它、展示它、描述它

重點是，別忘了故事與遊戲玩法息息相關。你能透過遊戲玩法呈現出

的故事愈豐富愈好。就像那句電影金句說的：「用展示的，不要用說的。」你應該以同樣的方法來思考遊戲：「用玩的，不要用說的。」

可以的話，讓玩家控制敘事的關鍵時刻。比如讓玩家的行為觸發它，或是讓遊戲本身展示故事的關鍵時刻（因為玩家疏於保護而導致同伴角色被殺死之類的）。換句話說，在處理敘事設計時，請依此優先順序講述你的故事：玩它、展示它、描述它。

行動要項

β

說故事的優先順序

以「玩它、展示它、描述它」三種方式，撰寫同一段遊戲演出的三種版本。創造各種可能的解決方案。比如：如果你筆下的主角必須炸掉一扇門，請寫一個可以在遊戲玩法中實現的版本；一個主角在遊戲敘事中炸掉門的版本；以及一個主角講述自己炸門經歷的版本。思考各個版本所代表的含意。玩家會比較喜歡哪個？哪個版本的成本效益最高？有沒有折衷的方法呢？

不要貶低主角

遊戲性的需求往往會與故事性的需求衝突，這是遊戲敘事的一大問題。你筆下的主角是玩家，遊戲要提供玩家資訊，所以某些遊戲的方法就是讓主角成為遊戲中最笨的角色。所有人都在告訴他該做什麼，他也不具備其他人擁有的知識，而且總是在問問題。主角拿著「控制器」卻不知該如何使用，就像一個停在路邊的貨車司機迷茫不知去向。不然就是那個經典套路：失憶症。這常發生在大型 IP 和知名角色身上。而這種太過普遍的現象導致的結果是：主角是故事裡最弱的角色。

可以理解為什麼會發生這種事情：設計師試圖傳達資訊給玩家。但實際上，這麼做不僅貶低了主角，還影響了遊玩體驗。沒人喜歡被使喚，尤其是在遊戲中。遊戲應該賦予玩家力量，而以遊戲敘事的手法迫使玩家屈

從於其他角色，並不是什麼致勝公式。對於那些授權 IP 更是如此，這種做法違背了角色性格。當你用惱人的方式講述故事時，全世界都在說：「來這裡……去那裡……去見那個人……拿這個東西……」遊戲就會變成一連串的瑣事，主角淪為跑腿小弟。

這是以故事驅動遊戲（story-driven game）的主要問題之一。開發者和發行商在尋找的是能以創新方法解決未來作品中此一難題的編劇和設計師。這裡提供一個可以發揮創意的完美例子：

首先，我們要保持主角原有的角色性格，才能解決這個問題。然後，讓主角改被動為主動。以要求答案取代詢問訊息。簡單地改變焦點，就能使主角保持凸出。如果主角的時間不多了，我們讓他主動呼喚顧問，而不是反過來讓顧問指導他。我們需要了解主角的目標，以及他如何努力實現目標。當敘事設計不再貶低主角（以及做為玩家的我們），就會帶出更佳的遊戲體驗，並滿足於自身的成長。

如果從聽命行事轉為發號施令，角色就會成長，但這並不是金科玉律。無論如何，你該時刻留意主角在遊戲中被碎念、命令或使喚的次數，尤其是軍事模擬遊戲（military simulation）。如果你的主角是個混跡南芝加哥的黑幫，那麼聽酒保之命行事就說不通了。反之，你可以讓這位黑幫打手從酒保那給「探」出口風。無論你打算怎麼做，都別忘了讓角色保持自己的性格。

行動要項

β 不要貶低主角

設定如下：有三個人掌握你主角所需的資訊。一個知道他該去見誰；另一個知道他該去哪；最後一個則知道他該什麼時候去。撰寫一段演出，讓主角主動獲取資訊。可以威脅、詐騙、偷聽或是用條件交換，但就是不可以問問題。發揮你的創造力，同時也別忘了保持主角本身的性格。

構思故事

　　你打算從哪開始整理制定故事？下面是一些幫助你動筆的想法。坊間教你如何調整故事節奏的書籍可能有上千本，我們並不打算成為第一千〇一本。對於遊戲故事進展的最佳建議是：設計成雲霄飛車的模式。

　　思考以下元素：

- 興高采烈
- 放緩步調
- 製造懸念
- 興奮激動
- 意外「碰撞」
- 巨大的懸念
- 最後的瘋狂旅程
- 慶祝勝利
- 下車

　　上述這類遊戲結構，提供了一份故事節拍表（beat chart）。

　　如果你有寫小說的經驗，便會注意到我們沒有談到經典三幕劇結構（three-act structure）。通常我們把這留到最後處理。強制讓遊戲故事依循傳統結構的企圖，可能會影響遊戲製程。最終我們的遊戲故事會有開頭、中場和結尾。但與影視劇本不同的是，我們並不考慮第一幕過程中發生了什麼，而是專注於角色、世界和玩家通過關卡時因遊戲玩法而帶來的挑戰。確立這些前提之後，我們再回頭以傳統的說故事技巧創造遊戲的敘事弧（narrative arc）。

友善編劇模式

　　遊戲愈偏向線性，對編劇來說就愈友善。線性路徑的遊戲是可控的。

你不需考慮玩家可能做的五千件事情、還得要涵蓋所有可能性。你始終知道他的位置、行為與目的。這裡的技巧在於如何使故事引人入勝，讓玩家為了想了解來龍去脈而一直玩下去。

在線性路徑中，你（玩家）無法在故事中做出選擇。成敗只關乎你是否能達成遊戲預設的目標。這一類遊戲通常不評斷玩家所扮演角色的好壞。你的《蝙蝠俠》（Spankman）玩得多好？你可以用各種方式玩《蝙蝠俠》，但基本上，角色能做的事情完全取決於由遊戲設計師。

線性和非線性故事的區別在於：線性故事推動玩家進入遊戲；而非線性故事則有著諸多敘事片段。這些片段既可獨立存在，亦可彼此疊加以建構更宏大的敘事。

在任務型遊戲（mission-based game）中，包含一種開放世界（open-world）設計，讓你可以遊蕩其中，但在世界各處設有諸多強制或可選擇的任務，引導你進入劇情。

困難編劇模式

從本質上來說，這類模式很難控制。它們往往會引發各種狀況，使得編劇不得不寫下無數的替代方案（alts〔alternatives〕），並與 NPC（非玩家角色〔nonplayer characters〕）進行相當泛用的交流。不過事實上，這類遊戲往往也有著線性、任務型的元件，使玩家可以體驗各樣遊戲玩法。

在開放式遊戲中，故事沒有過場動畫演出或明顯的斷點。這指的其實是一種開放世界設計，你的冒險即是你在其中所經歷的一切。事件之間並沒有明確的順序。

另一種間接故事（consequential story）則提供了平衡開放式和結構式的方法。方法如下：遊戲世界好像是活的，會記住發生過的事情，並且對你的行為產生反應。好比當你殺了某幫派中的成員後，該幫派就會追殺你直到遊戲結束，或是你執行了他們所給予的任務為止。

在 RPG 遊戲中，與其說是藉由故事推動遊戲進展，不如說是試圖建立你自己的角色，以期與遊戲世界建立更佳的互動。因此角色旅程就成為了故事。問題是，你必須根據角色和非玩家角色之間的關係，預測數千種不同的替代方案。例如，在面對一位性感女盜賊、或一位傷痕累累又口沫四濺的野蠻人時，角色的反應必定截然不同，畢竟她能造成的人身威脅有限。而隨後的對話往往會非常「罐頭（canned，譯注：可重複利用的遊戲資源皆可稱為罐頭，包括且不限於對話、敵人、動畫等）」。這種遊戲最適合的類型往往是大型多人線上遊戲，允許玩家創造自己專屬對話的那種。

敘事分支的類型

顧名思義，敘事分支可以像樹枝那樣來思考。主幹構成了故事的脊柱，而敘事中的諸多事件，則沿著旅途中特定的抉擇和分歧點向外開枝散葉。

有限分支

有限分支（limited branching）的故事往往圍繞著一系列「是／否」、「黑／白」的目標展開。根據結果或玩家的選擇，遊戲將岔往對應的故事線。許多早期冒險遊戲都依賴於這種結構。但時至今日，它已過時了。有限分支通常只會深化一到兩條分支，而後便返回主故事弧線。這通常意味著一段巧妙的劇情安排，使玩家回到「正確的道路」上。這類分支可能導向多於一種的結局。

開放式

在這類說故事技巧中，開放式分支（open-ended branching）的故事不但複雜而且野心勃勃。玩家可能要關注好幾條分支的故事情節，而每條分支又各有多樣的衍生性。這類遊戲故事很快就會面臨失控。經過簡單計算便可得知，各條分支和變形的失控速度有多快。這類故事的另一個主要問

題則是，你會把大量的創意能量、時間和金錢投入在玩家看不到的遊戲和故事元素之中（只要他選了另外一條分支，就會完全錯過）。

漏斗型敘事（阻塞點）

在遊戲故事中採用漏斗型敘事（funneling narrative）或是阻塞點（chokepoints）結構相當普遍，原因也顯而易見。首先，你有一種可控且可定義的方法將玩家引導回到遊戲的敘事弧。其次，你賦予玩家更大的探索自由，但最終你仍可從容決定故事和遊戲進展的時機和地點。比如，讓玩家可以在整個環境中自由移動，並探索多條故事線，但必須等到他拜訪位在城鎮邊緣的酒保後，遊戲主線才會繼續推進。酒保成為遊戲玩法和故事的阻塞點，所有遊戲玩法最終都會將玩家引導至他與酒保的對話。此類結構的阻塞點往往就是遊戲中的故事橋段（set piece，編按：藉由精心安排或有計畫的鋪陳，而具特殊效果的場面、片段）。

關鍵路徑

類似於有限分支，一款關鍵路徑（critical path）遊戲設定了一條成功路徑，並容許玩家些微地偏離它。然而，遊戲或故事中所有的事情都會發生在預定路徑上，遊戲體驗亦循此路蜿蜒前行。

節點敘事

許多開放環境遊戲都採用節點敘事（nodal storytelling）的故事模式。節點的故事取決於位置和（或）目標。遊戲故事中的每個節點，都是自成一體的片段，具有鋪陳（setup）、中點（midpoint）和回報（payoff）。總而言之，故事中的這些節點都有可能揭露更大的謎團，或單純只是你遊戲旅途中所玩到看到的某些酷東西。通常這類故事結構並不被視為傳統型的分支（它是否屬於此類也是值得討論的議題），但由於從故事節點前進到另一個節點，通常取決於前一個故事元素，因此我們相信節點結構確實產

生了偽分支的作用。

故事風格

　　時下有幾種流行的故事風格。有趣的是，它們都可以拿來與電玩遊戲出現之前的幾種媒體相比。

劇集式

　　想像一下，像《天才老爹》（The Cosby Show）這樣老派電視連續劇的情節，基本上每集節目開始時都會重置。在電影行業中，「劇集式」這個詞帶有貶義，基本上意味著：「這是一系列不構成故事的劇集。」那……你有沒有玩過真正的劇集式遊戲呢？每一關開頭都和前一關開頭一樣的那種。儘管有很多有關劇集式內容的討論，但它們的真正含義是：將一款遊戲在線上分章分節銷售，而非一次銷售完整的遊戲。

電影式

　　這是常見的遊戲結構。基本上是運用動作片的結構，並利用遊戲內的玩法來取代動作片段。你運用過場動畫來模擬電影中的對話場景（也許還有回報時刻）。

系列式

　　系列式介於劇集式和電影式之間。許多遊戲都採用這類結構。你跟著一段單獨的故事前進，直到該關卡結束時才發現自己被擺了一道，留下懸念並引導你到下一個關卡。

　　事實上，故事並沒有對錯。許多玩家都非常樂於循線完成故事，就像一邊玩動作場景一邊看電影一樣。這類遊戲總是會有自己的支持者。同樣，也有其他玩家為角色扮演風格（具有多種變形和衍生）的遊戲買單，他們

建立自己的角色以面對更多挑戰。

　　角色扮演的成分愈重，你的玩家就愈能定義他們自己的角色是誰，這對授權或系列作品角色的適用性就愈低。例如，DC 漫畫不太可能允許任何版本的超人遊戲裡頭出現《超人：鋼鐵英雄》屠殺平民的場景。

過場動畫做為遊戲和故事的推動力

　　不同於被動式的娛樂，遊戲腳本的作用不只是簡單地依存於故事。除了為玩家提供全面的體驗之外，故事在遊戲中還有非常具體的功用，而且會利用敘事性的過場動畫來加強它。因此，只要將這些部分安排妥當，便能成為建構遊戲的初步指引。以下是一些常見的過場動畫類型：

鋪陳

　　敘事通常是用來鋪陳主角在特定關卡（有時甚至一系列關卡）中所要面臨的挑戰。如果是複雜詳盡的鋪陳，在關卡開始或接近開始的時候通常會播放一段過場動畫；比較簡單的則是在遊戲中即時演出。有時，一段旁白便足以交代鋪陳設定。

回報

　　我們會說「幹得好！（attaboys）」等同以敘事手法與玩家擊掌慶賀。通常這是最視覺化的演出（像是主角在橋梁爆炸時及時脫離險境）。除了解決故事中的問題以外，給予回報也是讓玩家確認挑戰已經完成的方法之一。

回放解析

　　指出玩家所犯的錯誤，也是敘事的功用之一。當主角因踏入雷區或遭人伏擊死亡後，一段重播死亡過程的過場動畫便足以指出主角（即玩家）的錯誤。

成長

類似於回報，但通常更進一步，這類過場動畫一般用來證明主角在遊戲中獲得進展而開啟的新世界、科技、角色、武器或技能等等。

角色旅程

玩家在遊戲中創造屬於自己的角色旅程。而故事可以透過特定場景輔助這點：展示角色如何變化，變得更加強大、聰明、甚至是受傷。角色也可以進行情感之旅，或在故事和玩法中嶄露自我的發現之旅。

提示訊息（任務介紹）

你可能要用有創意的方式告訴玩家他該完成的目標。舉例來說，如果我們做了一段過場動畫，讓指揮官告訴主角他必須抵達山頂的掩體，那麼我們其實要說的是玩家必須實現的任務目標。提示訊息不一定是玩家立刻就得知道的事情。事實上，如果我們事先提供一些對玩家將來有所助益的訊息，讓他自行運用以體會探索的樂趣，反而會更有趣。

過場動畫也可以用來展示遊戲中發生了哪些重要改變，讓玩家知道他必須有所應對。好比當你在地下洞穴探索時，一場坍方便足以阻礙通行。

建立規則與期望

遊戲敘事的重要功能之一，就是幫助玩家理解遊戲的規則，同時幫助玩家建立期望。遊戲開始時迎面而來的敘事便會為接下來的內容定下基調。

行動要項

G　撰寫一段包含鋪陳和回報的敘事段落

好，你可以這麼做：發揮想像力為一款遊戲（或照你自己的喜好創造一個版本）撰寫一段鋪陳和一段回報的敘事。想清楚這個段落需要傳達給玩家的訊息內容。仔細考慮場景的節奏，別忘了玩家總是希望能夠掌控遊戲。我們將在本書後續的章節提供範例。

透過對話傳達訊息

　　遊戲中的對話有兩個使命：推進故事和傳達訊息。在推進故事時（舉凡增進對角色了解的任何演出、揭露有趣的內容、或設定一段插科打諢等），你可以靈活配置角色間的交談和互動。除了專案本身既有的創意限制，以及玩家的耐心（這取決於他們對你故事感興趣的程度）之外，你幾乎可以隨心所欲地為對話增添任何調味。但別忘了，玩家的手指放在操作鍵上，伺機而動。

　　透過對話來傳達訊息則是另一回事。好比說，你正在轉達玩家在遊戲中移動所需的具體細節。來看看下面的範例：

　　「我要去商店。我電池快沒電了，我得找台提款機檢查帳戶餘額。」

　　好吧，上述哪些事最重要？我要去商店？電池快沒電了？我得找台提款機檢查帳戶餘額？三件事都很重要？商店裡有提款機嗎？因為我要先確認錢夠不夠買東西，才需要去找提款機檢查存款嗎？

　　重點是，以對話來說（儘管沒什麼說服力），它確實傳達了一些需要完成的需求和目標，但並未給出明確的指引或方向，也沒有列出目標的優先程度。我們來將其解構，替換為更有效的內容。

　　「我得先順路去找提款機。煩死了，我還得先買些電池。最好找一家有提款機的商店，仔細檢查總比結帳時尷尬來的好。」

　　這樣好多了，我們有了明確的作戰計畫。首先，我們去找提款機，接著買電池，最後去商店結帳。我們排定了一次行動的順序，並弄清提款機的位置，確定我們努力達成的任務目標（買電池）。

　　當你撰寫對話時，請記得台詞可以增加故事深度，並注意哪些台詞可以用來指引玩家。有必要每次都在人頭上放個指路的箭頭嗎？當然不用。只要用詞精巧，就無需強調提示訊息。然而，別忘了將你對話的前後語境謹記於心。與其他娛樂媒體不同的是，你筆下角色說出口的對話，通常就是玩家推進遊戲所需的線索。你可能會在不經意之中愚弄了玩家，讓馬虎

的對話誤導了方向，害玩家白費許多力氣，而你還沾沾自喜地認為自己設計了一個精妙的轉折。記住，文字很重要。

行動要項

β
日常生活中的旁白

回想你昨天做了什麼：去了哪裡，見了誰，午餐吃了什麼等等。有沒有你必須完成的特定任務，像是去商場、學校或開會之類的？整個白天的時間都很重要嗎？現在，用對話的形式寫下昨天發生的事件，就像一邊自言自語，一邊也把訊息提供給其他人那樣。從根本上將你自己轉變為遊戲角色，並向玩家公開你的想法。確定你已經提供了所有必要資訊，其他人才能做出跟你一樣的合理選擇，直到這一天結束為止。請不要透露你行為的具體細節，只要撰寫現在式（present tense）即可。比如：「我要去拿一件襯衫。我叫他們少吃點澱粉。」從上文可知，襯衫應該是在洗衣店，而不是你需要去買的東西；第二句是則指引玩家方向的「提示」。完成後，將文件分享給你的朋友。看他們能否從對話中推斷出你昨天做了什麼。

情節元素

好，我們從基礎開始。如果你是經驗豐富的編劇，可能早已聽過（或研究過）其中的某些變形。但對於潛在的新手，我們將關於建構敘事的通則羅列如下。

如果有人說：「跟我講個故事吧。」我們會直覺認為他的意思是要我們揭露情節，並在過程中盡量填滿細節。故事情節講述了我們因主角面臨危機而經歷的戲劇張力。我們在設定好的一段時間內，埋下敘事衝突和競爭賭注，以此開展戲劇張力。如果我們將創作故事寫成一段方程式，看起來會像這樣：

情節＝戲劇張力（衝突 × 賭注／時間＝主角危機）

我們進一步分析這些元素，讓事情更容易理解。建構情節時，請注意以下幾點：

衝突	這場競爭的性質為何？
賭注	這場競爭的賭注為何？
主角危機	衝突和賭注將主角置於何種險境？
戲劇張力	衝突和賭注的結果為何？如何影響角色們？
時間	衝突發生於何時？

有趣的是，我們可以用這方程式的結構來描述絕大部分遊戲核心元素。把情節改成玩法，方程式一樣成立。

沒有衝突，就沒有遊戲，更沒有故事。這麼武斷的說法可能有點危險，但在這種情況下，我們相信這完全站得住腳。衝突不但是所有遊戲的核心，也是所有傳統敘事的核心。看著我們所關心並投入情感的人物克服逆境，即是傳統說故事手法的基礎。在遊戲中，我們不僅是觀眾，同時更控制著角色。如果我們得以暫時不受到懷疑，其實是因為玩家已化身為角色，親身面對這些衝突與掙扎。

衝突類型

衝突有著多樣的形式和表現手法，但從本質上來說，遊戲正是建立於衝突之上。你會看到一系列的目標。並為了達成目標而克服重重阻礙。這便是敘事的基礎結構，也是遊戲寫作充滿挑戰又極富意義的原因。下面列出遊戲玩法主要採用的衝突類型（別忘了，多數故事會涵蓋不只一種衝突類型）。

人與人的衝突

這一類是大宗：主角與敵人抗衡，英雄對抗反派。可以基於個人的原因，或只是「公事公辦」。別忘了，我們的主角有時也可以是反派，這時角色的立場便會對調。幾乎所有故事都建立於這類衝突之上。第一人稱射擊、第三人稱動作冒險、和運動類遊戲通常會以此類衝突為中心。

人與自然的衝突

我們的主角可能被困在荒野，或在暴風雨中求生，或為了殺死大白鯨而努力。在遊戲玩法上，可能會包含滑雪或是打獵之類的運動項目。廣義的說，外星人和（具有生物起源的）怪物也可以被算做自然的一部分。

人與自我的衝突

儘管遊戲中很少見到此類衝突，但它描述的是人與內心惡魔的交戰，好比成癮或恐懼。以遊戲玩法來說，或可算做生存恐怖類的腳本。

人與命運的衝突

常見於 RPG 冒險遊戲，講述主角與命運爭鬥的故事。主角通常不願屈服於命運。

人與機器的衝突

人與科技間的衝突。常出現在科幻小說和遊戲中，對抗具有覺醒自我意識的強大機器。

人與體制的衝突

主角對抗整個世界。通常我們的主角遭到誤解，或者是一個「知道真相」但無法取信於人的獨行俠。這是動作冒險遊戲常見的主題。

人與過去的衝突

我們的主角試圖逃離，卻始終被往日的陰霾糾纏。有時候無論他付出多少努力想要掙脫過去，卻都只是徒勞。這類衝突常見於懸疑故事，且常被失憶類的故事濫用。

上述皆是典型的故事衝突，也可以說是遊戲設計師創造玩法挑戰的部分主要類型。請注意，隨著故事的進展，衝突也將逐漸升溫。愈演愈烈的衝突預示著即將到來的高潮，在敘事中的某一刻，我們將迎來最終決戰。

行動要項

α 辨認故事的核心衝突

運用主要的衝突類型來分析你所喜愛的遊戲、電影、電視劇或書籍，將核心衝突的描述寫成一頁。下筆前請三思，深沉的事物往往隱藏於表層衝突底下。比如，一個抨擊社會的人看似與世界為敵，但他其實正陷入與自己的爭鬥之中。思考你想創作的遊戲，遊戲體驗的核心衝突為何？對主角和玩家來說，衝突是否一致？該如何在遊戲中展現衝突？盡可能多寫一些，這將成為你遊戲和故事內容的基礎。

賭注類型

賭注就是我們在遊戲和故事中追求的目標。以下是遊戲玩法中的各種賭注類型。

生或死

生死是最高的賭注。當你的遊戲以性命為注，此事便會如其本身般嚴重。大多第一人稱遊戲採用此賭注。只要受傷過重，便會導致死亡。

貧窮或富有

貪婪是強大的驅動力，這大家都懂。

愛戀或失去

這比較深奧，且較少見於遊戲中。這是最情感取向的賭注，如果處理得當，愛是最吸引人的情感。

幸福或悲傷

誰不想要快樂？如果角色從情緒的谷底開始，那他或她的幸福旅程也將是我們能夠獲得的獎酬。要讓這類賭注生效，我們必須先投入主角的情感之中。

戰勝或戰敗

戰鬥勝利、戰爭勝利。拯救你的人民、家人……和你自己。直截了當。

安全或失控

控制混亂，或屈服於外力之下。如衝突一般，我們故事中的賭注往往也會改變。賭注增加時，戲劇張力也隨著主角面臨的危機等級一同上升。當一方增長時，另一方也隨之增長，把我們帶向終局。

上述範例皆屬於輸／贏類別。如你所見，我們用來創作好故事的賭注，一樣可以用來創做有趣的遊戲玩法。目標是調和故事與玩法的賭注，當兩者趨於一致，將為玩家帶來更佳的代入感。賭注使主角進入非勝即敗的境地，如果我們能預見主角的獲勝或落敗，便很容易為故事展開一條弧線，不僅遊戲，敘事亦然。

衝突與賭注必須與核心玩法保持同步，否則故事將會顯得格格不入。保持故事和遊戲玩法同步，才能創造流暢的遊戲體驗。

α 提高賭注

　　撰寫一連串事件，其中的賭注要隨事件發生而不斷提高。比如，你試著在開車時喝咖啡，結果剛好開過一處路面高突，咖啡灑在你乾淨的白襯衫上。你正想處理這場混亂時，卻因為分心而追撞前車，車頭撞爛的同時也撞碎前車的尾燈。當你下車察看時，發現前車駕駛拿著球棒從車上下來……諸如此類。思考賭注對故事的影響，從弄髒襯衫到保險索賠，再到面對持械男子時的人身安全問題。

危機：故事元素如何影響張力？

　　衝突和賭注的程度決定了主角眼前危機的強度，同時也決定了戲劇張力。故事靠衝突來營造張力。遊戲敘事的戲劇張力圍繞著故事固有的衝突和賭注而展開。舉例來說，如果坐在餐桌旁打個小牌所面對的危機和張力屬於一個層級；那在拉斯維加斯用畢生積蓄和專業牌手打牌，就明顯屬於另外一個層級的張力了。你面對的是極大的風險。衝突不變，但賭注已經上升，在此過程中，第二種情境的戲劇張力大幅提升。

　　當你為了配合遊戲而調整敘事時，別忘了，高衝突高賭注的故事往往比低衝突低賭注更為嚴肅。你可以用衝突和賭注的高低混搭出各種有趣情境。比如，某些喜劇建立於高風險低賭注之上；黑色幽默則通常屬於低衝突高賭注。適度調整以配合遊戲玩法。你需要做的是釐清故事該如何運用衝突和賭注來營造敘事張力。了解你核心故事中的這些元素，將有益於敘事的各個層面。

時間

　　倒數計時器驅使我們行動。時間確立了故事角色發揮作用的「規則」。衝突和賭注隨時間流逝而增大。我們的故事可以發生在眨眼之間，也可橫

跨數個世紀。當我們還可以完成目標的時間愈來愈少時，賭注往往隨之上升。時間可以治癒傷口，亦可惡化讓傷口更深。而遊戲的特殊之處，便在於時間可能是非線性的，玩家可以從多個視角，甚至不照時間順序來觀看行動。此外，我們亦可加速或減緩時間來製造張力。

情節

這就是衝突與賭注的方程式，綜合兩者的強度和發生的時間、產生的風險、主角面對的危機與我們期望的戲劇張力，塑造了故事情節的基礎。

仔細推敲過這些元素後，最終創作出來的故事將更令人著迷，而且在開發階段陷入創意僵局的機會也大大減少。

有趣的是，這些幫助你說好故事的元素，同樣也能幫助你做好設計。考慮胡蘿蔔加大棒、獎酬與懲罰（又是賭注）可能會有幫助。我們驅使玩家推進遊戲時，也採用同樣的手法來推動敘事前進。這一切都與角色、世界、調性和主題息息相關。

角色（們）

故事裡的英雄不一定得是主角。他們也可以有自己的內在張力和騷動，而不是只有在遊戲裡造成的問題。

遊戲世界

再次提醒，遊戲世界不僅是故事發生的地點而已，而是故事的真實性。比如港片風格、喜劇天地、科幻壓迫等等。遊戲世界本身即為建構衝突的重要基礎。

調性

本作的調性為何？輕快、沉重、嚴肅、俏皮、暗黑、或無禮？這通常是故事「脫軌」之處，當玩家透過敘事以逐漸確定調性後，忽然發生一

些出乎意料之外的事物而打亂了故事的調性。這種情況通常會立刻引起注意。儘管效果十分顯著，但也意味著你正在去除安全防線，必須三思。這種技術的範例有：在喜劇中意外殺死一名重要角色，或在輕動作冒險中無預警地切換成沉重恐怖的氛圍。如果做得好，確實可以產生巨大的衝擊；但如果做得不好，可能會讓你失去受眾。

主題

主題藏於遊戲故事底下：贖罪、救贖、墮落、權力腐化、金錢難買幸福等等。這些陳腔濫調往往是推動故事的重要主題。理解故事主題的重要性，此事不容小覷。每當你敘事碰壁時就回頭檢視主題。看看你需要什麼樣的場景，才能讓主角為了實現主題而前進？

玩家期望

將角色、世界、調性與主題視為故事的基石。增加一段由衝突和賭注所驅動的情節以建立敘事，並將主角置於過程的風險之中。風險提升了故事的戲劇張力。只要大家在意你的角色，便會放過許多其他東西。說故事時，角色通常是我們在敘事中主要依循的目標。遊戲與眾不同之處在於玩家即是角色。螢幕中角色所經歷的事情也同時發生在我們身上。因此可以建立更強的連結，並透過有效的說故事手法提升玩家的情感代入程度。若想營造引人入勝的遊戲體驗，那麼打破玩家與角色間的藩籬便是我們所要努力實現的重要目標。這麼一來，玩家想要的是什麼呢？

你的「受眾」是在玩遊戲。他們期望的是互動，而不僅是觀看。其實他們也願意觀看，但前提是要精采且與遊戲的鋪陳或回報息息相關。因此，請避免過長的說明文字，要用創意方式將訊息傳遞給玩家。

別忘了玩家手上握著控制器，而且手指一直放在「開始」按鈕上（隨時準備跳過演出）。請預載（front-load）那些對提升遊戲玩法至關重要的

內容，不要把它放在末尾。考慮清楚時機。遊戲的節奏如何？快節奏的動作遊戲和悠閒的 RPG 有著不同的步調。敘事節奏應與遊戲節奏相稱。

保持快節奏的對話。一位睿智老巫師可以告訴我們很多從未聽聞的奇聞軼事，但千萬別長篇大論。能用展示的就別明說，能用玩的就別展示。只有與敘事直接相關時，背景故事才有其重要性。

最終，你需要寫定故事的弧線，規劃好一路上的鋪陳與回報。而後自問，故事發展到終局所需包含重要的敘事片段有哪些？審視遊戲過程中必須傳達給玩家的訊息，以及將其融入故事的創意方法。請記得，你的敘事並不是為敘事而服務；敘事是為了服務遊戲體驗這一崇高的目標。

決定內容

奧坎剃刀（Ockham's Razor）是一種哲學原理，一般認為是由十四世紀方濟各會修士奧坎的威廉（William of Ockham）所提出。他的基本思想是：簡單的解釋優於複雜；對新現象的解釋應奠基於已知的事實之上；這也被稱為經濟法則（the law of economy）。

我們運用哲學上的簡單原則來處理所有遊戲相關的問題。我們的基本問題是：「如果我們想把遊戲賣給玩家的話，這個（功能／產品／酷炫玩意兒）適合嗎？」如果是的話，就太好了。現在問題只剩下這個被提議元素的優先程度了，從一、這有點酷，到十、沒有這個的話我們可能會被告詐欺。但如果有疑慮的話，保持簡單就好。

待考慮的問題領域包括：

• **動畫：**你的主角需要滑過汽車的引擎蓋嗎？是的話，可以在遊戲中直接展示這一段嗎？如果不行，就需要為此製作一段動畫。

• **角色情緒**（隨著次世代遊戲機而有所改善）：我們正迅速接近可以讓角色傳遞隱晦情感和反應的程度。但如果你不是為一款次世代遊戲而作，並且也不確定「外觀」的可能性，那最好找到另一種方式來傳遞角色情

感。能否採取更廣泛的行動,或使用對話台詞來完成此事?

- **生物和動物**:增加任何生物或動物前,都需要經過謹慎的思考,評估它們會對遊戲的製作產生何種影響?生物和動物都需要獨特的模型,更重要的事,需要令人信服的獨特動畫。最後一點:寫實比幻想更難,因為大家都知道貓會怎麼走路。

- **群眾**:群眾通常是一個顯而易見的問題──需要在遊戲中建造大量資源(assets)。如果核心設計並不包括群眾(大批軍隊、成群外星人等),則可以考慮將行動設定在沒有大量角色出沒的地方。

- **場景**:避免搭建只有敘事才用得到的特殊場景。盡可能利用遊戲世界來表現你的動畫。

- **特殊打光或特效**:如果你演出中包含了重要特效(如閃電),請想清楚該如何實現。遊戲本身支援這一類特效嗎?還是你希望為此特製一組特效?

- **載具**:和生物或動物一樣,任何載具都要經過建模、貼上紋理、動畫化、並且關聯音效。因此,除非與遊戲核心設計相關(比如切入/切出任務)或單只出現在過場動畫中,否則請遠離任何載具。別忘了,如果載具看起來夠酷炫,玩家便會期望能夠控制或啟動它。

行動要項

β 可行性檢查

從你最愛的遊戲中挑選一段演出,並拆解它的所有元素。考慮角色、世界、動畫、紋理、任何特效、生物、天氣狀況、音效和音樂等等。盡可能列出所有細節。你將理解組裝這一段演出所需的工作量(和資金)。你能設想另一種方式來完成這段演出嗎?而對於你自己的遊戲,思考一下你設計的精彩片段該如何通過類似的檢查。

創意流程

　　進度表總是擺放在製作人辦公室的一角。它通常是一份精心設計的文件圖表，包含要達到的里程碑、必要條件、任務、和資源分配方式。進度表通常是專案的神經中樞，被奉為聖旨。它被視為現實，但當然了，它其實和遊戲故事一樣，只是一個美好的幻想。

　　你會注意到人們稱它為創意流程。但凡在裡面打滾過的人，都不會把它稱做單一的創意行為。你和專案中的所有人員愈能意識到自己是這個流程的一分子，你們成功的可能性就愈大。反之，站在圖表兩端與創意現實拉鋸的人愈多，你們失敗的可能性就愈大。

03 遊戲故事理論與對白

　　寫劇本時，業餘的影視編劇往往沉浸於過度解釋場景和情境，而使動作整個停下來。這樣做在遊戲裡會有多少效果？無獨有偶，專業影視編劇會寫下無數「現在反派角色解釋到……」場景，在遊戲激戰中卻可能占不了多少分量。平時圍繞在我們周遭的故事最能夠引發大家的興致。但在遊戲當中，這個故事要能夠讓人見到，而不是以口耳相傳。這跟現實狀況不同，我們總是不斷聽聞和傳述大大小小的故事，因此自然而然知道哪些值得講、哪些不值得。我們從小就不斷地鍛鍊這個技能。

從小孩的口中說出

　　如果你想看看別人是如何學習說故事的技巧，就找一個七歲孩童說故事給你聽吧。這過程中存在著一個神奇的回饋機制。通常故事不怎麼精采，隨著這孩子的話題繞遠，你也開始分神。接著，說故事孩子會發現你出神，於是他說：「你知道發生什麼事？」那麼你應該會回答：「不知道耶，你告訴我啊。」

用「你知道嗎？」這句話，就是要你當場集中注意力。這麼做是要掌控你，讓你繼續關注下去。這句「你知道嗎？」像是一盞創意明燈，吸引你仔細聽。要是你說「什麼？」就中招了。喔不，他可以繞路，重新修正故事來維持你的注意力。他會隨時更動和編改。

小小說故事人可能同時在學習五十種敘事技巧。他學到哪些能維持人們的興致、哪些不能。他通常會詳盡述說一些你毫不了解的人類或大型機器人故事。或者他沒告訴你故事開始的地點和時間（你可能不清楚故事的來龍去脈）。他沒給線索讓你知道故事發展到哪，而你會擔心故事說個沒完。如果重複說同一個故事，他會開始意識到哪些部分效果好、哪些效果不好。他學到哪些角色重要、哪些不重要。他學會告訴你哪些是反派角色，像是壞心眼的老師和惡霸。小朋友年紀愈大和愈懂事，就愈會安排壞人角色和主角。到某個分界點，他要不成功精進了說故事技巧，要不就學會無數種重複詢問「你知道嗎？」的方法。前者能夠造就很棒的對話，後者就相形乏味了許多。

你想要成為哪一種遊戲編劇？

「你知道嗎？」講得很露骨、很直白。有人要你跟著他一起對某件事感到興奮，這是一種表示「有趣的事情要發生了」的說法，但通常根本不會發生什麼趣事。有時候小孩子只是還不太懂得溝通。要是他們看到食堂

行動要項

α

像小孩般說故事

學習小孩說故事那樣，撰寫一個簡短的故事。你注重故事中的哪些元素？你提供多少細節？你會特別緊抓住一件小事不放，還是快速從一個點跳到下一個點？你會把接下來要講的事情整理出概要，還是隨著故事進程開展？要是可能的話，把你的故事講給一個小孩子聽，然後看看他會問什麼問題。他認為重要的事情，跟你在寫故事時認為重要的事情一樣嗎？

裡發生食物大戰，可能直接跳到某人鼻子上插著香蕉的部分，沒有預先給場景或是角色的故事根據。要是有人問那個孩子「所以丟食物的人長什麼樣子？」小孩會預期這個問題而發展出應答策略，於是就成為懂得說故事的人。這個孩子也很可能慢慢學會注意去聽對話的內容。

電玩遊戲中的對白

無論你喜不喜歡，對白都是定江山的要素。跟你合作的人當中，百分之九十都認為寫作就是對白。身為遊戲編劇，你知道對白只是寫作的冰山一角，而整座冰山由下往上的順序是：

- 有趣的世界。
- 一個有起伏轉折、鋪陳和回報的精采情節。
- 吸引人的角色，他們會受衝突與利害關係的影響，同樣也會製造衝突和利害關係。
- 就好像在聽故事一樣，有賴整體遊戲體驗營造出的沉浸式風格。
- 你遇到並且克服的巨大挑戰（透過遊戲玩法呈現）

簡單來說，想要有精采的對白，你必須要有優秀的角色來述說精采的事物，而且彼此之間通常要有所衝突。你可能希望他們最好在某些層次上能有所衝突。換句話說，要是缺乏趣事可說，世界上再優秀的角色都會變得扁平；如果缺乏有趣的角色來推動，再厲害的故事情節也會是平淡無奇的原味煎餅。相較之下，好的腳本是來自於雞生蛋或蛋生雞這種因果循環情境的煎蛋捲。你不喜歡這裡用的譬喻，那就自己重寫對白吧。

替代、替代、再替代

優秀的編劇和小說家換到遊戲空間都會面臨很慘的遭遇，因為寫遊戲有其一系列特殊的考驗。首先，遊戲設計要交代很多事情。大家都很討

厭交代式的語言，遊戲編劇更是如此。小說家撰寫吸引人的對話可不是為了告訴某人該如何使用遙控器或開門，又或是他為什麼在一片荒蕪的世界裡閒晃。編劇只需要寫一次「我會再回來」（I will be back.），不需要把重複的內容寫個二十遍（不得不承認，「我會再回來」和「我將再次穿越此地」講久也會爛）。事實上，重複替代和冗贅對白的概念跟角色的概念是相斥的，因為定義角色的方法之一就是透過他們的說話方式。「我會再回來」很適合八〇年代阿諾‧史瓦辛格（Arnold Schwarzenegger）這類角色，但對於在菲律賓打仗的麥克阿瑟將軍（Douglas MacArthur）就不適用了。

　　不管如何，遊戲需要替代字詞。遊戲需要能夠表示「我最好再回來勘查這一區。」的一百種說法，畢竟，遊戲編劇也是要見招拆招。我們處理的媒體，本質上就需要很多重複，而我們從照編劇觀點則要想辦法掩蓋這個事實。

故事是回溯，遊戲是往前進

　　遊戲故事的另一個普遍問題在於仰賴背景故事（backstory）。閱讀遊戲中的角色介紹時，你讀到的經常是角色的過去，也就是遊戲開始以前的事情，而不是遊戲當中發生的事。可以實驗看看，想像一個沒有背景故事的角色。如果你回想一下那些成功的動作經典角色，會發現居然很少人有豐富的背景故事。

　　舉例來說，假設龐德有雙親，你聽說過他們嗎？要是他內心有許多掙扎，他在螢幕上有一直長時間去表達出來嗎？這是影史上以人物為中心、最成功的系列作品，然而龐德似乎在每一部作品中都像重生一般。除非特別有趣味，不然沒必要去綁住陳舊的內容。在《金手指》（Goldfinger）的結尾，龐德和普希‧蓋羅爾（Pussy Galore）在一起；但在《霹靂彈》（Thunderball）還有其他後續幾部電影中卻不是這樣。儘管續寫普希的人

生對某些小說家來說會很有趣，但引不起觀眾的興致。影迷只需要知道龐德有殺人的許可，而且他技巧很好，還有他了解懂酷炫跑車和性感美眉。

盡可能簡短交代背景故事

有時候，只需要一個畫面就能涵蓋背景故事的千言萬語。在《雷霆谷》（You Only Live Twice）中，龐德以海軍造型出現，因此我們可認定他曾任、或者仍是現役海軍。就這樣，背景故事交代完畢。我們不知道他在海軍的事情，但也不是很重要。

夏洛克‧福爾摩斯（Sherlock Homes）也很類似。我們不知道他父母是誰，倒是（從《血字的研究》〔A Study in Scarlet Scarlet〕中）曉得他是怎麼來到 221 B 這間屋子和華生（Watson）同住，但似乎不太需要多加講述這個主題。其實，柯南‧道爾（Conan Doyle）在創造華生這號人物時，不是很在意他的背景，甚至根本不記得他的傷疤來自於克里米亞（Crimea）、阿富汗、或是他從軍的其他地方。連莫里亞蒂（Moriarty）教授也只在幾個故事中出現；留待二十世紀晚期的作家自行去猜測這些人物的童年。

由此可知，許多大獲成功的作品並不需要設定豐富的人物歷史。背景故事存在的唯一目的，就是要用來推進你的故事和角色。我們知道希臘神話故事中，奧德修斯（Odysseus）的妻兒在伊薩卡（Ithaca）。他想回家與他們團聚，但這一點並不影響他在旅途中與海之女神卡呂普索（Calypso）、女妖錫西（Circe）廝混磨蹭，我們也不擔心他有不忠的問題，因為他堅持一定要回到家鄉。不過，有人把史詩《奧德賽》（The Odyssey）分成兩個故事：一是他回到家後告訴家鄉伙伴的故事；另一個是他告訴妻子的故事。我們都很清楚哪個故事是哪個。重點是，這個男人十年征戰後想要回家，卻受到眾神，尤其是海神波賽頓（Poseidon）的阻撓。

如果你年紀夠大，回想《星際大戰》（後來重新命名為《星際大戰

四部曲：曙光乍現》〔A New Hope〕）剛推出的年代。雖然我們知道背景故事要花一整天來看（還沒計入本文的部分），但導演喬治·盧卡斯（George Lucas）推進故事時，只交代我們需要知道的內容。

許多遊戲因為科技的必要性，而落入對背景故事的執迷。《迷霧之島》屬於「找出背景故事」的故事類型，但這是因為當時媒體受限的緣故。利用巧妙手法來隱藏科技上的限制，經常成為一種慣例，致使寫作者忘了停下腳步去思考作品的原因和作用。我們把這些物品稱為「殘留」（vestigials），也就是已經轉世再生而不再需要的殘存慣例。

讓玩家填補空白

在經典遊戲《爆破彗星》（Asteroids）中，玩家可自行以直接且令人愛不釋手的機制，將意義賦予到遊戲當中。你是跨銀河界的太空駕駛員，要得到十萬點數；你不能潛伏起來（在只剩一顆小行星時偷偷躲在角落射擊星艦）。遊戲的駕駛員有明確個性，他為人高尚。他是一位騎士，做事光明磊落。你要抵抗的邪惡敵人則專門耍陰招。

這款遊戲背後有個故事，甚至具備架構。最初只有小行星，接著小行星挾帶大型戰艦來攻打你，再來等到小船艦出現後，就成了小行星橫飛的可怕世界。然後，決鬥時刻登場，以及幾乎帶著神祕氣息的超時空。小行星製造出敵意的世界，因為創作者要把你打死，讓你再多玩一刻鐘，但仍要表現出公平的樣子。在遊戲的時候，你會自己創造故事來解釋自身行為的前因後果。

當你全神貫注參與時，思考模式就會像個遊戲編劇。此時你會想：「這次我要閃躲魔王，直到他失誤為止……」接著卻「哎呀！失敗了。」然後你又說：「這次我要攻擊他，看看會發生什麼事。」結果你被打死了，不過你也把魔王的血量減到剩一半。然後你領悟了，知道要等到他出大絕招、閃躲開來，趁他還在恢復時進行攻擊。最後策略成功，遊戲播出的是這個不斷嘲諷你的傢伙死掉的動畫畫面。你心中充滿勝利的榮耀，這一切辛苦

都值得了。

挫敗感的中斷

除了嚐到勝利感之外，還有另一種快感是手感優異，也就是覺得控制起來很順利，沉浸其中的無敵感受。但要是這狀態持續太久，你會感到無聊。你需要的是某種一時無法打贏的感覺，意思是挫敗和勝利的因素得要相互平衡。就像人生一樣，有成長、學習、精熟、晉級、戰勝、更加成長、更加精熟等等。不過要記得，遊戲的成功絕不該來自這樣挫敗感的中斷。如果想獲取成功，可不要讓玩家有那樣的體驗。克服挫敗感才能真正讓玩家感受勝利。我們要追求「好耶！」而不是「謝天謝地，好不容易讓我給過關了。」

身為遊戲編劇和設計師，我們遇到一個基本的問題：我們所處的世界裡充滿有限資源、有限的人物角色、有限的關卡和軸線分支、有限的敵人和有限的世界。我們要讓有限看似無限。要讓看似擊敗不了的能夠被擊敗。簡單來說，我們要對玩家使出許多招數，因為這是娛樂產業，可不是專門讓人挫敗的工作。至於實際做法是什麼，那就是遊戲設計的藝術了。

你知道嗎？

回到遊戲寫作，儘管我們謹慎拿捏對白，還是經常會說「你知道嗎？」玩家往往覺得自己不像是身處故事之中，而更像要「解開」故事。他打敗對手後，解開了推進故事的動畫。此時此刻，我們說故事的許多方式仍借助於過往的媒體，主要是電影和電視。我們利用媒體的方式就跟電影利用的方式一樣。走進電影院，你知道故事都已經鋪陳好，只要付出十美元票錢，坐上兩小時，故事就會為你展開。

等遊戲成為發展純熟的媒體時，或許其中的故事會比影片還要逼真。也就是說，故事是以現在式進行。你會以為自己真的是頭一次體會到故事，而不是接受其他人所設定的冒險。這樣想吧：你在電視上看美式足球大聯

盟賽事重播時，你看到的是已經結束的比賽加上旁白解說，這和觀看真實比賽完全不同。兩者都是有趣的體驗，但收看兩分鐘的賽事重播不太可能跟真正的競賽一樣精采有趣。而且不會產生那種「什麼事都可能發生」的緊張感，因為你知道賽事已經完成了。

當下臨場感

　　電影或電視節目與電玩遊戲的差異在於臨場感。你希望玩家能活在當下的一刻。遊戲能不斷呈現這一點，電影則通常只有一次機會。優秀的遊戲值得不斷重玩，且每次重玩都會給玩家不同的體驗。玩家可能是要追求更高的積分、可能是要一條命玩到破關、也可能是要探索第一次沒有詳細探索的區域。如果玩家是以射擊方式通過突擊戰，下一次他可能想用匿蹤的方式來進行。

　　優秀的遊戲玩法是第一次就要解決問題。解決問題指的是做出選擇。給玩家愈多選項，遊戲就愈耐玩。寫故事的時候，一定要從玩家的觀點出發。玩家購買遊戲時總是對遊戲有特定的期望，你的職責就是要滿足、甚至超越他們的期望。你希望遊戲能深植人心，並在他們腦海中留下深刻印象。你希望能讓玩家感覺自己進入平時生活所錯過的虛擬世界。

關係與對白

　　好的遊戲關係及背後造就這種關係的對白吸引玩家全心全意投入。說穿了，最好的關係其實就是拿取和給予。這裡舉一個丹尼‧比爾森（他是我們的好友，本身是位事業有成的影視編劇和遊戲編劇）的經典比喻：如果你在第二關遇到一個出賣你的傢伙，你到第三關對他一定會有很深的印象。要是這次他幫助你會怎樣？有什麼改變？他暗藏什麼意圖？你在第四關遇到他時會有什麼想法？為了讓故事變更有趣，這些你都需要思考。

假設一樣是上述的案例，你覺得要在第三關從背後射死他嗎？會不會遇到一些狀況像是（A）他回頭說：「你這舉動很愚蠢，因為接下來你會需要我。」或是（B）你自己的角色說：「不，這主意不好。」這個情形中，對白取決於多個角色內在動機所引發的動作選擇。情節的起伏及其反映之對白讓遊戲保有新鮮感。

避免罐頭文字

最讓人不爽的事情就是要讓罐頭文字呈現多種變化。舉例來說，你到了一間店並與店員進行重複的對話，每次通常都有細微的對白或配音差異。動畫通常會使用同一套。問題是，這會暴露出遊戲的侷限，所以要盡量避免。

重複情境最好是採自動化和抽象化處理，不需要有對白。同樣的事情聽到同一個角色說第五遍，會非常乏味。在遊戲設計的任何一刻都要自問：「我做的是怎樣的選擇？」

風格

風格愈抽象，對白也可以愈抽象。不過，美術設計可能呈現極為使用者友善、親切世俗的對話來對比出有格調的角色。最終，重點是你自己想要表達什麼。有時候遊戲沒有特別要說些什麼，就只是想要表現呆萌遊戲的一股純粹喜悅。這麼一來，真正的對白就是融入音樂的音效，或是變得像是罐頭笑聲的音效式對白。這都沒問題，重點是要知道自己在做什麼，還有為什麼這麼做。

現在式

遊戲對白是以現在式寫成。就像現在這樣。非常臨場的當下。此時此刻正在上演、就在這裡、在自己面前，像觀眾一樣去看見。把事情想成發

生在過去式並不合理。這樣的差別，就像是在你面前以「跳剪」（smash-cut）畫面來揭開場景、而不是以「建立鏡頭」告訴大家位置所在。

這道理對所有遊戲、影視編劇來說都一樣。任何時候都要使用現在式口氣。像即時目睹事件一樣描述，不要用過去式描述。舉例來說：

現在式（○）：凱爾進到（enters）房間，把他點 · 四五手槍的保險打開（flipping off）。

過去是（✗）：凱爾到過（entered）房間，他已經把點四五手槍的保險打開了（had already flipped off）。

上面的例子，後者描述已經發生的事件；前者則是談論發生中、就在眼前發生的事件，你要盡可能在第一時間就把這些事件傳達給觀眾。寫書時可以選擇使用過去式，但遊戲腳本每次要設定為臨場的時態。

後設故事

「後設故事」（metastory）和遊戲世界有緊密關係。也就是發生在你的故事周邊、隱含而未直接表明的事情。最知名的例子或許就是電影《唐人街》（Chinatown）。早在故事開始前，《唐人街》的傑克 · 吉特斯（Jake Gittes）就遭逢厄運，這件事情一直貫穿整部電影。我們猜測是他的妻子多年前在唐人街遇刺死亡，但這只是猜測，劇中沒有明說。

電影結尾，另一個角色對他說：「別想了，傑克，這裡是唐人街。」我們明白他的言下之意。我們知道他們交換暗語，唐人街比喻的是會發生壞事的灰色地帶。這是在講過去的一個黑暗祕密、無以彌補的事件，也是普通規則不適用的地方。

另一個後設故事的例子是任何一個版本的《德古拉》（Dracula）。當司機不想載強納森 · 哈克（Jonathan Harker）前去德古拉城堡，他可能會用當地迷信試圖帶過，然而我們觀眾卻知道其中意涵：去到德古拉城堡的人會遭逢厄運。這也告訴我們關於這角色的趣事：他知道那裡不是什麼乾

淨的地方，但他似乎相信自己能逃過發生在德古拉城堡的事件。想想看要怎麼把這樣的心境套用到你的遊戲角色身上，並寫出切合的對話。

另一個有趣的例子是《法櫃奇兵》（Raiders of the Lost Ark）天才一般的開場執行（有人認為這是影史上最成功的開場）。印第安納‧瓊斯（Indiana Jones）進入墓地不久，就遇到一具屍體。這一幕怵目驚心，但沒有讓瓊斯特別不適，這讓我們知道他很勇猛。相反地，他認出死者，還講出他的名字。這告訴我們關於瓊斯的很多事情、他所處的世界，還有接下來可能發生的事情。

單靠一個事件、一句台詞，你就知道那大約十五秒開場之前的更多事情。我們知道自己身處在一座會出人命的古老墓地中，我們知道瓊斯是考古學家並隸屬於盜墓者底下的一個分支，他們彼此相識也互相競爭（為後續場景中，貝洛克〔Belloq〕從他身上偷走黃金神像來鋪陳）。我們很清楚瓊斯自命不凡，一身傲氣。當然，他之後也會證明這一點。不過他也有犯錯的時候。他搞砸運送黃金神像的事，而且痛心自己看走眼，被底下的跟班背叛。總之，這樣的說故事方法非常精省。而下一幕，他又變成一個容易因女學生而臉紅尷尬的傢伙。這個例子很有效展現出如何在短時間內了解一個角色。

別動不動爆粗口

粗俗的語言不一定等同於強硬的敘事。「不爽」也算是粗口成章。有效運用粗話，能強化動作與張力，且對建立角色很有幫助，但不要做得太過頭。過度使用粗話會顯得不專業，而且害得故事焦點轉移，除非角色、世界可以搭配、或是語調能夠切合。記住你的觀眾，並根據觀眾來調整。找其他替代的講法。畢竟，你的配音員可能不願意按照原定的粗話開口演出。給他們機會多錄一種以上的台詞，然後讓其他人來決定選用哪個。

不知道為什麼，許多新手總認為在腳本裡使用許多「幹」（fuck）字

就能提升寫作層次。他們可能是想仿效保羅 · 許瑞德（Paul Schrader）或其他優秀的編劇。不過我們建議，除非你是許瑞德本人，不然最好避免這麼做，因為這只會顯得你好像在學他，或是學 HBO 節目《化外國度》（Deadwood）的編劇一樣。在這裡我們不會指名道姓，不過幫許多人診斷腳本時，我們實際上做的第一件事就是搜尋內容，把髒字替換掉，再做一些次要的調整。我們把這個過程稱為「去幹字化」（defuckification）。我們共同討論腳本，大家不會相信我們做了多少改動，以及對整個作品有多大程度的改善。當然，如果你的遊戲分級是「成人」（M 級），那確實可以使用比較低俗的語言。然後，「可以」並不表示你一定要那麼做。

我們的好友法蘭克 · 米勒（Frank Miller）說他在拍攝《罪惡之城》（Sin City）時，演員克利夫 · 歐文（Clive Owen）想要了解自己在劇中飾演的角色，於是跑去找他，說道：「你不喜歡說話帶髒字，對嗎？」法蘭克的作品從沒被人說過太正經，於是他回道：「沒錯。」

有這個趣味的練習可以幫助你避免使用常見、粗鄙的陳腔濫調。例如，我們很常安排一位壯碩的警長對玩家說：「你他媽動作給我快點！」試試看，換成其他不要問候別人長輩的說法。這真是不容易啊。最麻煩的是那些你會脫口而出的陳腔濫調。有時光是刻意避開這些老梗，就能創造出有趣的角色。

故事的物理

遊戲故事的物理細分為：動作／反應／動作／反應；張力升高；預示和揭露。會用到特效，也就是盛大奢華效果。會需要預演，因為事情不會照你的期望進行。也別忘了魔術般的寫作：障眼法和手部戲法。場景範本包含經典場景的要素。在探討一個點子時一併思考相關策略。是從故事到場景，還是有策略的其他做法（從場景到故事）？

打造遊戲就像是拍攝 3D 電影。所有的情節、角色、風格和其他電影

需求都要考量，但也有技術方面的元素。如你所見，有許多要素需要考量，既要不斷評估、也要重新評估。目前，我們討論了打造遊戲的多種策略，接著來要更明確地來講解架構。

陳腔濫調和刻板印象

人會不由自主使用陳腔濫調是有原因的——這樣比較輕鬆，而且多少還是有效用。問題是太過陳腐，感覺就是模仿來的。編劇使用慣用語有時是因為懶惰，有時是因為不想將寶貴的資產浪費在看似不重要的事情上。

適時給觀眾一些驚喜，但不要讓他們感到混淆。混淆指的是我們經常見到編劇為了避免慣用語而矯枉過正，因此讓人摸不著角色的性格。有時一個小小的調整就夠了。例如，你的角色是警察，可以給他一個懶惰的長官，他不在乎你辦案手段乾不乾淨，也不想要公文的繁文縟節，要他處理就會脾氣爆炸。換句話說，要多投入一些心思來想想為什麼長官要一直找麻煩。

有時候可以為角色設計一些癖好。誰會料到《現代啟示錄》（Apocalypse Now）裡的基爾戈（Kilgore）是個衝浪狂呢？這癖好會與他的對白產生直接關聯。很容易就把他攻入城鎮的目的，聯想到是他為了要看海浪狀況好不好。這樣一來，就又連結到電影背後的主題，也就是理智。電影裡的每個人都有一些怪異的地方，這部片本身也有些怪異。你創造一個那樣的世界，然後寫下這樣的台詞：「我真愛早晨燃燒彈的味道……那個燃油味兒，聞起來就像是……勝利。」這樣寫是再好不過了。

有時候給角色暗語是件好事。暗語可以寫進故事裡頭：「哈洛德不會不給罪犯自救的機會就殺掉他們。」這會產生什麼對話？這樣寫如何：「我知道你心裡在想什麼『他射了六發還是五發子彈？』說實話，場面太刺激了我也沒數清楚。但這把全世界最強力的點四四麥格農（magnum）手槍，可以輕易就把你的頭轟爛。你得問問自己：『我幸運嗎？』喂，說話啊，

臭小子？」

方言：讓配音員展現自己的拿手絕活

　　有些人具備講方言的才能，但不是所有人。一般來說，我們認為你的首要目標是要講清楚對白，讓一般讀者不用特地把台詞唸出來也能理解其中意涵。此外，編劇可能一時不察而落入種族歧視的敏感議題，因為寫出方言和歧視這兩件事情的區隔很模糊。不確定的時候，把台詞意思講出來就好，不要犯了冒犯他人的風險。往往，我們撰寫台詞的考量是意圖使配音員在讀出台詞時為其增色，但不限於特定的口音或是方言（除非對故事本身很重要）。

　　讓配音員帶點自己的絕活到作品當中。你寫的內容跟小說不一樣，（理想上）需要交由專業配音員來施展具有個人味道的技巧。可以的話，為配音員營造自在的環境，讓他們對台詞做一些獨特的調整。要注意：假設調整後與原本腳本書面核定的台詞差太多，確保也要錄製原本的版本，之後大家才能繼續操作。

　　在製作蝙蝠俠改編遊戲《辛子崛起》（The Rise of Sin Tzu）時，我們創了名為辛子（Sin Tzu）的新反派角色。在籌備這個角色時，我們把寫好的角色生平介紹交給 DC 的企畫執行人員阿姆斯·基申（Ames Kirshen）。我們不曉得阿姆斯偷偷把這份介紹傳給辛子的配音員田川洋行（Cary-Hiroyuki Tagawa）。到了錄音現場，田川以朗讀介紹來為後面內容暖身，他唸得非常好，比寫得還要優異許多，因此 DC 決定把遊戲腳本委託寫成小說。於是在弗林（本書作者）的從旁協助下，戴文·格雷森（Devon Grayson）把它改編成小說。這邊的重點是，無論寫了怎樣的對白，有時配音員帶到現場的表演會出乎意料。

玩家與角色的關係

　　玩家對於他扮演角色的關係，可算是一個專屬遊戲領域的問題。最明顯的角色就是玩家的替身。你在遊戲裡扮演龐德時，大概就是扮演著自己渴望成為的角色。哪個異性戀男人不想過過當龐德的癮呢？不過在某些情況下，玩家會扮演與自己迥異的對象，好比一個男的選擇蘿拉‧卡芙特這個角色。在這個例子中，玩家與角色的關係就不一樣了。蘿拉是女的，玩家是男的。好吧，控制女性的感覺確實也很棒（在真實生活當中千萬可不行！）以蘿拉的情況來說，她的性別不會影響遊戲進行（遊戲不必是女性主角），但她當然更賞心悅目。

　　或許，這當中還存在著其他潛藏的關係。蘿拉會不會是這男人晚上沒約會所找的女伴替身呢？（嘿，重度玩家真的是這樣想）玩家和角色的關係是什麼？以蘿拉來說，多數玩家並不幻想自己是蘿拉，所以實際上演的會是其他情形。去挖掘玩家與遊戲中替身角色（玩家的選角）的關係，有助於你建構那些能真正刺激行動的故事元素。

行動要項

α　玩家與角色的關係

　　玩個有英雄角色的遊戲，觀察並感受你與角色的關係。你有覺得自己成為那個角色嗎？還是比較像個跟班？或像是大神？遊戲中的動作是發生到你身上還是你所控制的角色？你在意這個角色，還是只在意他的處境？寫下自己的想法，以及該怎麼把這些想法運用到你想創造的角色身上。

　　讓我們把這些問題帶到遊戲設計中。如果你和角色之間關係緊張會怎麼樣？在扮演《俠盜獵車手》（Grand Theft Auto）裡的罪犯時，你會想變成罪犯嗎？還是你覺得扮演與自己迥異的角色很有趣？這是一種替代的刺

激感：我不是這個人、我不想要變成這個人，但用幾個小時扮演《邁阿密風雲》（Miami Vice）裡面的馬尾男還滿有趣的。在虛擬世界使壞，找出他們會有的對話和使用的語言相當有趣。

這和真實的搏鬥遊戲稍有不同。理性的人不會想要經歷真正的搶灘戰，頂多只想在虛擬世界裡當一位電影觀眾或遊戲玩家。不過從銷售數字來看，當一名虛擬的二戰美國兵可真刺激啊。那對白呢？當然得要精準。

小結

有些遊戲實驗設定的世界會導致某些後果。遊戲世界會觀測你做了哪些事情，而你必須承擔後果。要是你到處殺人，警察和被害者的親友都會找上門來。突然間，你所處的世界會充滿敵意。這種改變很酷，但別忘了，遊戲編劇對於其他角色和你之間可能形成的關係，都必須事先安排好替代方案。有些對白會因此受到影響，轉為完全冷漠、一面倒的仇恨；或者情況相反，成了盲目的愛。這樣的遊戲製作在實務上很不容易。要有許多替代對白、許多程式編碼，還有大規模的遊戲平衡挑戰（play balancing challenging），因為提供玩家一定會輸掉的選項是很拙劣的情況，更別提設計了。

從不同層面來看，要把一個故事發揮到極致，或是塞進沒有那麼好的幾十個故事，這兩者之間要取得平衡。寫作遊戲時，你通常沒得選，所以要盡可能見招拆招。致力於克服艱難任務的人才能有所突破。要是你隨時都只想挑輕鬆的活來做，那乾脆還是不要踏進遊戲產業吧。

04 建構電玩遊戲的技巧與策略

設定你的遊戲世界

在電玩遊戲中說故事的主要目的是為遊戲玩法賦予意義。這應該是理所當然的企圖，但請你想想，我們有多少次滿懷期待地手握控制器等待遊戲開始，卻又不得不觀看無止盡的動畫，忍受我們並不關心的角色背景回顧？

當你著手處理故事時，別忘了我們並不是在拍電影，而是在創作遊戲內容。也許某天好萊塢會為你的遊戲拍攝一部電影，但不是現在。所以請保持精簡，讓玩家盡快玩到遊戲。不同於一般九十分鐘至三小時間的電影，你大概有八到二十個小時的時間來說故事。如果你還沒什麼概念的話，那這樣說好了——平均一位玩家花在一款遊戲上的時間，大於觀看一整個《星際大戰》系列。玩家可能會因為在遊戲中不斷嘗試和失敗，連續玩遊戲的時間較短，但你現在有個概念了。

如果你是影視編劇且不熟悉遊戲的運作，下面簡單介紹電影與遊戲在故事層面的區別。主機遊戲隱含劇集（關卡）式的本質，因此我們

需要多重對手、地點、與環境。關卡中又包含子關卡（sub-levels）及任務（目標）。事實上，故事驅動的遊戲通常會設計出一條最佳路徑：主要行動與事件發生處連貫而成的主幹。設計和虛構的技藝在於創造自由探索或非線性玩法的錯覺。在一款長度正常的遊戲中，假定（在此及後文，我們用粗略的平均數據來討論）你會需要八種不同的環境，並在環境中設置多個不同的地點。

你可能需要為每一個環境設置一個關卡魔王（level boss），而他（根據你的內容可能是她或牠）會有三種變形的蹩腳化身（palookas）。你需要代表金錢的貨幣。要在每個關卡設計新的活動。可以採用小遊戲（這個術語用來表示遊戲中的非主要遊戲玩法）的形式。故事和對話要盡可能地簡短。我們很少有（也不想要）長段的過場動畫，除非理由正當，否則動畫時間不該超過一分鐘。將過場動畫視為你故事中的「里程碑」，既提供資訊、獎勵玩家，又可以推動遊戲往前進。

然而，你有許多不同的方法可以提供說明資訊。

如果腳本內含射擊行動，便需要加緊提供玩家射擊的目標。也就是說，需要與對手交火才能形成槍戰。敵人可以是砲灰、小魔王、魔王、以及遊戲終局才會被殺死的場景反派（ambient villain）。這一切都必須說得通才行。

由於媒體結構不同的緣故，遊戲的邏輯通常會比電影來得牽強。玩家會一直需要有挑戰的目標，這有時也會使故事背後的動機顯得薄弱。好比在電影中，人們通常不會在敏感區域附近留下鑰匙。由於我們在遊戲中追求的是高度寫實主義（hyperrealism），因此需要盡可能避免此類情況發生。對遊戲來說，必須有獎懲系統來驅動目標。終極的懲罰是導致遊戲結束的死亡，而終極的獎勵則是獲勝通關。

調色盤：說故事的兩種媒材

我們有兩種用來說故事的媒材、聲音與影像。聲音分為語音、音效和音樂；影像分為遊戲圖形、文字、和介面圖形。詳細說明如下：

聲音①：語音

語音的運用方式有三種：畫內音（onscreen）、畫外音（off-screen）、旁白（voice-over）。

- 畫內音：就是你可以看到畫面中玩家角色正在講的話。
- 畫外音：人在鏡頭範圍外，你聽得到但看不到的角色所講的話。如果畫面中看不到主角的口型，此時他所說的話也算畫外音。
- 旁白（在腳本中常與畫外音搞混）：角色無法在場景中說出的話。他可以是全知的敘事者，或是遊戲情境外的某個已知角色，黑色電影中的私家偵探就是一例。

聲音②：音效

音效有兩種形式：

- 一種是存在於遊戲世界中的有機音效，例如劍擊聲或瀑布聲。
- 另一種無機音效則服務於遊戲異想天開的情境：暗門開啟的提示音、拾取了寶藏星星、或其他重要物品等的提示音。

聲音③：音樂

音樂與音效類似，也有兩種形式：

- 來源音樂（source music）來自遊戲中，例如角色彈奏的吉他聲或背景中的廣播聲。
- 原聲音樂（sound track music）則來自遊戲之外；這些配樂陪襯著動作以引導情緒。而情境觸發音樂（context sensitive music）也屬於聲

軌音樂的一部分，會被遊戲中特定的事物給觸發，通常用來提示玩家進入了特定的重要時刻。

影像①：劇情動畫

就我們的目的來說，故事動畫（或過場動畫）可分為預渲染動畫（又稱預錄動畫）和遊戲內動畫（遊戲引擎控制的實機即時動畫）兩類。

- 當你撰寫遊戲內的敘事時，遊戲引擎會把你限制在一定的可行性以內。也就是說，即便你可以特製動畫和特效，但你仍然無法忽然切換到另一個新的地點（因為這需要將相關資源載入遊戲記憶體當中）。
- 預渲染動畫提供了無限的可能性，但也相對有其代價，諸如玩家失去主控權、製作起來更為複雜昂貴，而且有可能無法匹配遊戲內的圖像風格。

兩種影片段落類型各有其價值，但遊戲內過場動畫更受當前的設計師和開發者青睞。如果有一款遊戲採用了預渲染段落，往往會用在遊戲的開頭和結尾之處。

影像②：文字

文字分為兩種形式：
- 書面文字：用來閱讀。
- 標示文字：用來指引玩家的簡易圖標（比如玩家頭上的問號）。

影像③：圖形

彈出介面（pop-up interface）包括生命值的顯示、雷達螢幕等等。它們通常覆蓋在遊戲畫面上，好幫助玩家掌握這些抽象的遊戲概念。

利用調色盤來說故事

以上是你用來說故事的媒體元素。把它們視為故事元素。別忘了——電玩遊戲中的故事是指那些助你提升遊戲沈浸感的任何人事物。

故事不僅是角色和對話而已。介面元素也可以做為說故事的工具。你可以把它想像成在小說裡會讀到的東西。例如,當彈藥計數器顯示只剩兩發子彈時,小說會這麼寫:「他只剩下兩發子彈……最後兩發。他必須全部射中,不然就會死。他知道不遠處還有彈藥,但得先查明具體的位置。他能繞過埋伏在下一個轉角處的槍手嗎?不太可能,那些槍手知道他在這裡。他得謹慎利用最後兩發子彈。」

文筆很爛,真抱歉。關鍵在於,彈藥不足不僅是遊戲中的問題,更是故事本身的問題。玩家需要做出情感、智慧和角色上的決定。你做的每一個決定都是角色的機會。角色的態度取決於玩家如何看待自己操控的主要角色。間諜可能會採匿蹤路線,而狂戰士(brute)則會與敵人正面交鋒。遊戲設計和故事可以鼓勵玩家在其中做出選擇、或兩者並行。

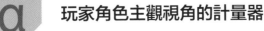

α 玩家角色主觀視角的計量器

行動要項

現在換你來寫一段爛對話了。從遊戲中選擇一種的計量器(子彈、生命值／血量、或護甲等)並從玩家角度撰寫一段敘述,描寫這個計量器如何對玩家造成影響。

說明文字的類型

遊戲寫作中最困難且棘手的部分就是說明文字。但當你需要傳遞知識訊息時,這又是十分必要。戲劇性的說明文字涵蓋諸多故事元素,

可大略分為情節、角色、和遊戲世界的說明，以及遊戲寫作獨有的遊戲玩法說明。

最差的情節說明範例是像格洛夫中士那樣喋喋不休的介紹：「如你所知，我們的敵人沃洛許上校一心摧毀我們的故土，妄圖以邪惡的手段顛覆國際聯合城邦的合眾全球同盟。」（這裡我們故意用了一個錯誤示範，解釋為何你不該學習 B 級片的方式）

角色說明告訴玩家有關該角色的資訊。格洛夫中士站在蘇珊‧布拉巴特密探面前，說道：「我不想派你去執行這項任務，但是蘇珊，你是我們最優秀的匿蹤密探，我別無選擇。我知道我曾派你父親去送死，但我一定會盡我所能讓你平安回來。」

又是一個拙劣的示範。蘇珊的父親與接下來的遊戲有關嗎？最好要有。我們既要確保玩家認識角色，同時也要確保說明精簡，只提供與遊戲相關的資訊。如果事實證明邪惡的沃洛許上校就是蘇珊飽受摧殘的父親，那這一切就與遊戲有關。但如果這只是為了提升角色深度的徒勞嘗試，你應該三思，或至少在遊戲進行當中再拋出這個背景設定，讓玩家不用抓著控制器枯等你笨拙的對話講完。

遊戲說明是電玩遊戲獨有的教學指南，範圍從「按 Y 跳躍」到「我該檢查這扇門」，再到「中士，你的任務是攻占十七號山丘」等等。這類單純的說明要讓玩家一目了然，而且要提供角色一些好處。

遊戲場景的劇情關卡範例

我們利用下面的範本來建構每個關卡的整體劇情結構。其中絕大部分都是每個編劇知道的事情，共分成兩個部分：劇情範本和遊戲玩法範本。概念是盡可能將遊戲和故事整合在一起，並將遊戲化為故事。旨在確保我們充分利用各種可能性，並且想清楚我們在做什麼事情。請注意，第二部分的範本比較著重在如何將場景設計為關卡。顯然，

不是每個關卡都包含所有元素，但一如所有範本，這是每個關卡都需考慮的事情。此外，在某些情況下，類別會互相重疊。不是每個關卡都需涵蓋所有類別。

劇情關卡的通用範本

類別	說明
關卡標題（名稱）	就是字面上那樣。取個令人期待的標題通常很有用，就像書籍的章節名稱那樣。
場景簡介：引子、碰撞、高潮與解決	引子（grabber）是引起玩家興趣的東西，可以是一段令人震驚的消息，或是一場出乎意料的背叛。碰撞則是情節的發展，將故事導向全新的方向。高潮是場景中最後的衝突，我們可以察覺場景的步調開始減緩。而到了解決的階段，該場景已經結束。我們該建立下一個目標。
問題／解決	釐清關卡的主要衝突。關卡中的問題應該要清楚易懂，且玩家必須知道在關卡結束時，他要不是（A）成功解決問題，就是（B）隨後必須解決問題（劇情問題）。
遊戲目標與學習機制	這一項與遊戲範本一致，但它是要提醒我們，玩家試圖在關卡中完成的目標為何（目標通常會改變，但你還是得明確理解關卡及其目標）。此外，玩家應該以有趣的方式來完成任務（可能在最後一個關卡結束時才會需要，但是必須重新說明）。新聞寫作的規則亦適用於此：告訴玩家要做什麼；他在做什麼、以及他做了什麼。
地點（此地點的特殊之處）	每個地點都要有樂趣。它的特殊之處為何？同時，你要謹慎地確保它與故事中的其他地點都位在同一個「世界」的架構底下。

類別	說明
情緒／調性	每個關卡都要有自己的情緒氛圍,並有別於整體劇情架構中的其他關卡。不同關卡玩起來的感覺不要太相像。情緒的例子比如:驚悚、一觸即發、緊繃、狂躁等等。情緒可以在關卡的進展中演變,但我們應該要為關卡的主視覺美術、音樂和音效設定某種情緒。情緒同時也反應了行動之不同(意思是,匿蹤遊戲和游擊遊戲的關卡會有截然不同的情緒)。
時間／天氣	要配合情緒,並且營造故事有在進展的感覺。注意,根據一天中時間與天氣的變化,同樣的環境會給人完全不同的感受。
原始意圖	這是玩家認為他在某個場景中要做的事情。如果先讓玩家以為自己要做某件事,再突然(根據開場的衝突或碰撞)改變情況,對你很有好處。例如在一個激烈的槍戰關卡中,玩家一開始以為自己要潛入某個地方,但忽然就爆發了槍戰;反之亦然。他全副武裝有備而來,卻發現目的地一片荒蕪——除了可能存在的零星刺客。這暗示著事情有其他發展可能。那是怎麼一回事呢?
開場衝突	遊戲中的衝突大多是戰鬥。想想看,戰鬥是從何而起的?賦予它一個有趣且出乎意料的動機。
主要角色及其在關卡中的發展	場景中的主要角色有哪些? 我們會如何描述這些角色?他們應該要有一個「勇氣十足」的動機。
關卡魔王、小魔王、小兵(砲灰)、其他敵人、或潛在的敵人	你在這一關卡要對抗的敵人是誰?你不一定會殺死他,或者根本不會接觸到他,但每個關卡都應有一個可識別的敵人,而不是一個大眾臉的小兵。再重申一次,它可能不會是你預期的人。
情節(需獲取的遊戲訊息):第一手說明。	角色從關卡中了解了什麼?

類別	說明
潛在威脅或迫切危機	這使得狀況進入倒數計時。引爆炸彈的風險是什麼？有個朋友被扣為人質了嗎？你是否聽見警鈴響起，要趕在警察抵達前離開關卡嗎？
碰撞／反轉	這是在關卡中揭露真相的時刻，改變了關卡原先的性質（主角潛入殯儀館，設置定時炸彈好將參加葬禮的惡棍一舉殲滅。然後他離開殯儀館，準備好好觀賞這一切發生。沒想到卻有無辜民眾走進去。現在，主角必須趕在爆炸前返回）。碰撞的另一個說法是反轉命運。場景中發生了某些動態變化。在任何一部好電影的精采場景中，你都能看到反轉。
最後行動	每個關卡結束前，故事都應該往前推進。世界改變了；玩家探索得更加深入，已經沒有回頭路。
穿插其他故事線	這點比較微妙。故事由好幾條線纏繞而成。有許多方法可以將其他故事線穿插於當前的故事中：對話、旁白、實體告示、短暫出現的消耗品（圖片）或符號等等。最笨的做法是讓角色說出自己的目的，或拋出一段「精彩回顧」。有點像體育賽事那樣——畫面中會一直顯示得分和當前情況。
價值體系	這世界中最有價值的是什麼，而你如何呈現它？生命價值多少？錢財價值多少？何者為重？
並存的現實	任何你可以讓遊戲世界和故事看起來更加真實的作為。看看窗外的城市、收聽廣播、展示廣告標牌——這都使我們感覺自己身處一個生機勃勃、栩栩如生的世界，而非困在電玩遊戲當中。
先前關卡的回報	關卡並非憑空而生，場景也非無中生有。若我們在前面的關卡設定衝突，便應該在此給予回報。我們要提醒玩家之前的衝突。
鋪陳後續關卡（揭示未來的可能性）	每個關卡都應該製造期待。如果我們聽說遊戲中有個特別危險的殺手，那主角當然早晚會與他對決。任天堂（Nintendo）遊戲通常會讓你提前看到關卡中有趣的區塊，但你暫時還到不了那裡。如此一來，他們不但挑逗你的好奇心，也預告了接下來的遊戲歷程。

類別	說明
相符的元素（重複符號等）	有些東西在遊戲中被錯過了。返回曾經去過的地點，可以提醒玩家故事的進展。這麼做可以節省美術成本並建構故事。第二部分（重複符號）是我們在遊戲中設定並重複使用的某些內容（就像吳宇森電影中鳥的隱喻）。
銜接出場	相對於「銜接入場」。用有趣的方式離開場景。讓玩家對接下來的場景充滿期待，然後給他一個驚喜。利用言詞或視覺化的方式告訴玩家他在場景中的成就。

行動要項

G 劇情範本

把你遊戲的劇情關卡範本填寫完整。這可能會花費一段時間，因為你得開始面對之前還未考慮的問題。慢慢來，花點時間探索和創作吧。

關卡設計範本

類別	說明
關卡名稱	關卡的名稱是什麼？與其簡單直白的描述地點，不如將名稱與行動和故事連結起來。例如，你可以將關卡命名為「槍手找到了女孩」而不是「太空站1」。
任務目標／賭注	玩家很清楚他在關卡中要嘗試和完成的目標。他不一定會真正完成目標（他可能試圖擊殺一兩個敵人，短暫地占了上風，或在得到有價值的訊息後逃離），但玩家應該時時刻刻清楚自己正在嘗試做些什麼。
意料之外又情理之中的次要目標	讓我們試著想想比獲取三段密碼更有趣的事情。你可以在遊戲中增加哪些令人驚訝的挑戰？

類別	說明
實驗（跳脫框架的想法）	處理每個關卡時，都要把它當成史上最精彩、獨一無二且包含某種前所未見事物的關卡。你可能還不太明白，但所有關卡都應該具備些許野心才行。
原始衝動（關卡應該提供的活動和情感）	角色背後的驅動力是什麼？是為了阻止大規模殺傷性武器而展開瘋狂追逐？或是游擊戰關卡帶來的振奮快感？還是從容不迫地從搜查中逃離？這一點與情緒有些相關，但反映在關卡中。
參考	如果這款遊戲是以其他遊戲或電影為靈感，要明白告訴大家，並註明你在此場景中想要的元素有哪些。
音樂和音效	關鍵提示音用在什麼地方？環境音聽起來如何？如果會經過一扇開啟的窗戶，記得要描述窗外的聲音（街道交通聲等）。這不僅是情緒的展現，更在遊戲之外建立了一個栩栩如生的世界，即便我們沒有用任何視覺圖像或角色來描繪它（詹姆斯‧喀麥隆將聲軌稱為隱形演員）。
有趣的起點	角色如何進入場景？以最有趣的方式去設定。記住那句老話：「如果你讓人從門走進來，就無法製造情境；但要是從窗戶進來，那就有戲了。」
胡蘿蔔／大棒	玩家的動力是什麼？他追逐的是什麼？而又有什麼追逐著他？
刺激的遊戲開場	開第一槍的狀況和理由是什麼？如果你只是為了將一個配有重型步槍的大眾臉守衛介紹出場，那這樣就完成了。
驚嚇	《惡靈古堡》（Resident Evil）中狗撞破窗戶落在面前。玩家很容易在遊戲中受到驚嚇。如果在遊戲和故事情境中確實有必要嚇嚇他們，那就嚇吧。
闡述知識和內在知識（玩家如何得知任務？）	玩家要隨時清楚自己要達成的目標。遊蕩在無盡迴廊中的日子已經過去了。偷懶的做法是設置一個「嘮叨貝蒂」（見書末詞彙表）或煩人的奈傑爾來告訴玩家該做些什麼。或者，把關卡設定得簡單易懂。整體關卡要安排妥當，以強化任務目標。舉例來說，如果玩家企圖找到祕密金庫，那他很輕易就能判斷出：守備愈強的地方，就愈接近他的目標。

類別	說明
資源	沿路散落著哪些提升威力的道具、彈藥、急救包等等？利用它們製造驚喜。
倒數計時器	利用視覺、聲音和音樂提醒玩家，製造緊張感。
隱藏目標和彩蛋	我們可以把哪些有趣的驚喜放進關卡中？這些會是玩家所津津樂道的事情。
啊哈！／謎題	這種感覺最棒了。當你靈光一閃，找到通過關卡的方法時，你會歡呼：「啊哈！」
敵人──環境：魔王：對抗	《星際大戰》中的西斯大帝（存在感強烈但你並不與他正面衝突）、帝國風暴兵達斯・維達、與你交戰的砲灰打手⋯⋯他們是誰？動機為何？他們會逃跑或戰鬥至死？
系統，以及如何擊敗敵人？	這是每個場景的邏輯。如果你要進入敵人的巢穴，需要花點時間思考敵人如何合理地防衛自己的地盤？弱點在哪裡？舉例來說，要是到處都有監視器，你的首要目標就不會是把它們一個一個弄壞，而是到控制室去對付負責監控的那些傢伙。同樣地，如果警察在街上追捕主角的話，那他可能會發現利用屋頂路線穿越城鎮很有效率。
存檔點	別讓玩家反覆重做一些非常困難的事情。無論你花了多少錢，別讓玩家一遍又一遍地重看同樣的動畫。
保存積分	遊戲中採用的是積分或虛擬積分？在遊戲中如何呈現？積分有許多不同的形式。
陷阱	陷阱很棒。型態五花八門，有跌落樓板的機關、伏擊、警報器和電眼等等。當你一不小心誤觸了其中一種陷阱並懊悔「我早該想到的」（像是太容易得到的乳酪），那樣的陷阱真是棒透了。

類別	說明
武器／工具	你的角色擁有哪些武器和工具？又是如何取得的呢？他如何在遊戲世界中移動？每種武器有什麼特別之處？工具有什麼讓人耳目一新的用途？仔細考慮武器和工具之間的關係。例如，如果你可以開槍把門破壞以進入某個區域，這時槍枝就成了某種意義上的鑰匙。
小裝置和可破壞的物件	玩家喜歡破壞東西，也喜歡帥氣的科技或魔法。
介面問題	當我們製造一個特殊狀況時，玩家怎麼知道要如何應對？
導航／地理問題	如果要避免到處都有地圖，我們該如何讓玩家自己在環境中找到出路？例如，如果窗外有城市景觀，玩家便可以輕易辨認南北。如果你正在穿越一間夜總會，則可以靠聲音判斷：離舞池愈近，音樂就愈大聲。
非玩家角色場景	主角如何與這些角色不期而遇？
劇情動畫／非互動場景	主要劇情動畫有哪些？關卡中是否有需要運用敘事解決的片段？我們要採用實機即時或預錄的動畫？
劇情道具	關卡中有哪些特別重要的物件？
不同情況的死亡和任務失敗（意外任務持續中）	一個角色可能時不時地被射殺，但除了殺死他之外，我們還可以觸發一個子任務，讓他跌跌撞撞地走向將他縫補好的那個邋遢醫生……之類的。講到死亡，如果玩家每次死掉都可以學到一些東西，是件好事，這樣就可以避免同樣的死法再度發生。
此場景中要避免的陳腔濫調	指的是那些我們在每款遊戲中都會看見並且想極力避免的東西。除掉陳腔濫調，就可以激發創造力。
遊戲主題	你想藉著遊戲玩法和故事傳達什麼主題給玩家？

行動要項

G 關卡設計範本

既然你前面已經完成了一份劇情範本，那關卡範本應該會更容易。動手吧。

電玩遊戲中的世界

通常，當你在遊戲中提及世界（world）時，大多會讓人想到美術部門和他們在遊戲中擺放的那些樹木、懸崖、和建築物啊等等。這是很自然的假設，但那其實都只是我們所謂遊戲世界的一部分。遊戲世界深深影響著玩法，像湯姆克蘭西（Tom Clancy，編按：美國暢銷小說家，擅長寫作以冷戰時期為背景的政治、軍事科技及間諜故事，其著作改編成《獵殺紅色十月》、《縱橫諜海》、《湯姆克蘭西：全境封鎖》）的一系列遊戲就是設定在「一擊即死」（one-hit death）的世界。

如果你深入思考這個問題，所謂的「一擊即死」除了決定主題以外，背後還有更深遠的意義：它暗示了一個真實的世界。事實上，我敢打賭，這項決策一定是來自某一次的早期開發會議，專案督導（說不定就是克蘭西先生本人）說：「我不要什麼狗屁醫療包。我要真槍實彈。在真正的交火中，當一個人胸腹中彈時，他就倒下了。如果他受傷了，表面上……是沒錯，他還能在那兒待一會兒，但也只是在他接受緊急治療前的一小片刻。」一擊即死的決定成功促使遊戲貼近真實世界，也對遊戲玩法產生了深遠的影響。

遊戲人常用「真實世界」（real world）來形容一些根本不存在於真實世界中的事物，像是：「《駭客任務》（The Matrix）的偉大之處在於它設定在真實世界。」當然啦，除非你的真實世界包括在那些飛簷走壁的人、晦澀的電話留言、祕密俱樂部裡的神祕誘惑、還有豪華禮車中的高科技殺

手。他們的意思是，那不是魔戒式（Lord of the Rings-type）的奇幻世界或某種高度風格化的賽博世界（cyberworld）。

一如遊戲世界主宰著玩法（例如一擊即死），玩法也同樣主宰著遊戲世界。一擊即死突擊隊（one-hit death-commando）的世界意味著採取寫實手法，角色受真實物理所約束（遊戲開始時，山姆‧費雪〔Sam Fisher〕無法舉起五百磅重的物體，也不能跨越三十呎寬的峽谷）。同時也告訴你，遊戲中的環境要比詹姆士‧龐德的反派堡壘看起來更為非常逼真。

透過遊戲世界來暗示風險和價值體系

遊戲世界還包括了重要的、有價值的東西與遊戲中的風險。生命在一擊即死遊戲中無疑是有價值的。這類遊戲的擊殺速度和密度都會下降，交火的激烈程度也明顯變化。一擊即死需要的是耐心和謹慎的玩法，而不是大亂鬥。你的故事應該要反映世界。一擊即死的型態意味著我們相信遊戲世界中的威脅真實存在。

但如果你的故事是有關深入岩漿王國的核心，將陽光公主從黑暗虛空的監牢中拯救出來，那你採取的會是另一個大相逕庭的價值體系，需要截然不同的遊戲世界設定。這類遊戲的本質是豐富多彩的夢幻世界。箇中訣竅是將這世界及其價值體系設定得清楚易懂且具有意義，因為建構這類遊戲世界的祕密在於，玩家的風險和遊戲玩法的強度與現實無關。

儘管法律沒有明文禁止，但你也不會想在岩漿王國中看到 M16 突擊步槍和背後絞殺攻擊。在某些混合類型的案例中會出現這樣的情況，但隨後我們將這類刻意越線的做法視為一種推銷手段，或至少是吸引目光的策略。《松鼠庫克倒霉的一天》（Conker's Bad Fur Day）就是一個例子。

如何看待與遊戲世界有關的內容？

　　遊戲世界反映了一款遊戲的市場預期。兒童取向的遊戲往往建立在高度卡通風格化的遊戲世界中；而成年人取向的遊戲，則更傾向於寫實風格。遊戲世界創造了情境。舉例來說，怪盜史庫柏（Sly Cooper）和山姆‧費雪都會隱匿蹤跡並伺機消滅對手，但兩者的處決演出和遊戲年齡分級則大不相同。有趣的是，這看起來確實可以唬到別人。不知為何，《拉捷特與克拉克》（Ratchet and Clank）成功通過了媽媽們的暴力偵測雷達；《潛龍諜影》（Metal Gear）系列卻不在她們的考慮範圍。在八〇年代，當美國國會議員譴責娛樂產業中的暴力行為時，有人覺得在參議院議場中揮舞卡通烏龜的圖片實在很蠢，於是《忍者龜》（Teenage Mutant Ninja Turtles）便通過了國會的認證。然而，比較傳統的《特種部隊》（G.I. Joe）卻沒有獲得同樣的待遇。批評者忽略了實際暴力程度是另一回事的事實。

　　這些事說明了文化差異。美國玩家不太適應遊戲中的性愛場景；日本玩家不希望太常死亡；德國則對遊戲中的血液場景有著嚴格的規範，除非不出現紅色血液，不然就要用其他古怪的顏色代替。現實世界的文化確實影響著遊戲中的世界。

同中有異——表現方法

　　無論你為遊戲施加了什麼樣的偽裝，它還是會表現出某些特徵。山姆‧費雪和怪盜史庫柏有許多隱藏的共通點。他們都需要彈藥、資訊、生命值／血量等等。差別僅在於表現方法的不同。遊戲世界愈趨近寫實，人們會愈容易覺得被冒犯；反之亦然。

　　世界也與其描繪的空間種類有關。這是一座可自由探索的城市，還是點對點傳送的世界？你收集到的錢幣（無論是現金或閃亮小珠之類的）可以用來購買哪些具有戰略價值的物品？你的目標是什麼？任務結束時所得

到的那樣東西，便是在這遊戲世界中最珍貴的東西，可能是寶藏、或一段有用的訊息。

透過了解角色來發現你的遊戲世界

遊戲世界決定了生活在其中的居民，然而你可能會利用這點，反過來設計。假設你知道遊戲世界裡包含一群有智慧的老鼠，你很快就能確定乳酪和麵包屑具備價值。貓是危險的（儘管你可能會和其中一隻貓成為好友）。狗則因為討厭貓而成為你的友軍，如果你能在遇到麻煩時及時叫醒狗狗，就能保住小命。祕密通道、牆上的小洞都有價值。要小心拿著針筒的人類醫生，他想對你進行動物實驗，而且會在故事中的某個時刻抓住你，把你關到他的邪惡實驗室裡頭。老鼠通常待在迷宮或小徑之中，如果少了關卡魔王鼠諾陶（鼠類的米諾陶〔a mouse Minotaur〕）的話，還能算是個完整的迷宮嗎？

世界觀（worldview）是另一件需要考慮的事情，比較不容易察覺。你的老鼠遊戲有哪樣的世界觀？你的老鼠們是被邪惡入侵者攻擊的無辜角色？是冒險者、小偷、中立派？牠們是可愛的小東西，還是滿嘴髒話的鼠輩？想怎樣設定都可以，老鼠在進一步執行任務時的態度也會明顯不同。牠們面對壞貓時的對話也會截然不同。

遊戲世界也就是設定。你的故事設定在過去、現在或未來？在美國、俄羅斯或中國？是橫跨了一座廣闊城市，或是聚集在一個小培養皿之中？上述種種都將對你創造的世界帶來巨大影響。

有關遊戲世界的問題

電玩遊戲的核心優勢之一在於，它提供人們一個可以沉浸在其他現實中的管道——進入其他世界——這比其他媒體都要來得迷人、有吸引力又

令人上癮。

下面列出一些問題，幫助你用問答方式建造遊戲世界的環境：

- 這個世界中最有價值的是什麼？以突擊隊的世界來說，可能是大規模殺傷性武器；在奇幻世界中，可能是某個魔法球；在賽車世界中，可能是超級硝基推進器。
- 主角（也就是玩家）要做什麼才能獲勝？
- 有什麼人事物試圖阻止主角？
- 要是主角失敗，這個世界會發生什麼事？
- 成功的話，又會如何？
- 誰想阻止主角？為什麼？
- 遊戲中的酒吧長什麼樣（酒吧通常會是遊戲中最常見的建築物）？是位在渡假勝地，詹姆士·龐德會出沒的時髦酒吧？或是充斥著蟲眼怪物的三流酒館？
- 是什麼阻止你前往不該進入的區域？遊戲世界會引導你嗎？還是你可以自由行動？你要如何得知自己離開了遊戲世界？要怎麼知道自己是不是走錯路了？要怎麼避免你在開放世界中無止盡地徘徊而感覺愈來愈無聊？同樣地，要怎麼做才能在廣闊的線性世界中製造有選擇的錯覺？
- 時間對這個世界來說重要嗎？遊戲玩法經常被時間左右嗎？
- 遊戲中的時間會變化嗎？
- 是否有某位藝術家的作品與這個遊戲世界有關？

其他建構技巧

另一種思考故事的方法會像是事件的連鎖反應，如同二十世紀中期流行漫畫中滑稽的魯布·戈德堡裝置（Rube Goldberg device，編按：戈德堡是美國漫畫家，善於描繪某種機器以迂迴曲折方法去完成打蛋、泡茶這類非常簡單的工作，荒謬的過程深受世人喜愛）一樣。拿一款遊戲與戈德堡

漫畫的結構相比，我們基本上可以得出採取行動、就會發生特定事件、然後壞人會有所反應等等。這是物理學的運動。如你所知，物理運動只在我們了解這個世界及其規則時生效。也就是說，你要麼花大把時間建立遊戲世界中的物理規則，要麼就搭便車採用現成的規則。

你也可以試著從某個關鍵場景或魔幻時刻下筆。假如你有一場特別喜歡的戲，把它寫下來，然後順勢再寫下所有前後文。在此之前該發生什麼事情？而在此之後又會如何？

在場景中置入另一個場景的效果也很好。每個場景中都有另一個場景。想想場景的移動還可以用什麼方式安排。在遊戲中你可以靈活應變，採用其他的方式。

建構故事時，嘗試從遊戲世界著手。你有一個引人入勝的世界，從這裡出發。那個世界有什麼有寶貴的事物？誰擁有它？又有誰想得到它？

同樣地，試著利用你的主角和反派來建構故事。假設你知道你的主角是誰，現在就可以設計一個需要這位主角獨特能力的遊戲世界。

行動要項

β

設計一位主角及其遊戲世界

為你的遊戲設計一位主角，然後詳細描述他所在的遊戲世界。考慮主角和這個世界的連結。你的主角能存在於其他世界嗎？可以的話，你要如何修改角色和世界，讓他們只能相互依存？

互動式寫作要處理的是未知的結果。它呈現了場景的另一個可能性：每個故事中都包含了另一個沒發生的故事。每個場景都要有一個轉折。在分支故事中，你可以同時採取兩條（或更多）路線。

角色類別

任何遊戲都可以設定以下角色類別，分別是：

玩家角色

玩家角色（PC，player character 的縮寫，或稱「英雄」）就是由玩家你在這遊戲中所控制的角色。要不是你在過程中扮演的角色，就是你所控制的角色（取決於遊戲採用哪一種視角）。你可能可以控制好幾個玩家角色。有時候會被迫要跳換角色（你控制的角色會依據遊戲中的觸發事件，而必須換新角色上場）。許多使用多重角色的線性遊戲會硬性規定要換角。通常，這些遊戲中的每個玩家角色都有不同的技能來幫助你過關。理想狀況是，你得讓玩家選擇他要扮演的英雄，這使得角色替換成為遊戲玩法的一項要素。在多重角色的遊戲中，英雄之間通常會區分屬性，所以本質上，他們都具備後設角色（meta-character）的功能。有些遊戲則開放讓玩家二選一：從中挑選或是自創角色。

遊戲產業中，大多數重要的系列作品都是依照有明確界定的玩家角色來打造。其中最成功的成為了遊戲產業中的標誌人物，像是瑪利歐（Mario）、蘿拉·卡芙特（Lara Croft）、士官長（Master Chief）、袋狼大進擊（Crash Bandicoot）、索利德·史內克（Solid Snake，又稱「固蛇」）、山姆·費雪（Sam Fisher）、怪盜史庫柏（Sly Cooper）、吉兒·范倫廷（Jill Valentine）等等。注意，你的角色通常不是人類。

　　玩家角色是系列作品的核心。在你創造的世界裡，他們怎麼生活、戰鬥、行動、反抗、冒險、改變、成長、互動，甚至是死亡，都會影響到遊戲的成功與否。玩家角色是我們玩遊戲當下的替代角色，遊戲中他們則是我們用來克服挑戰、破除恐懼和達成最終目標的媒介。不要太小看你與玩家角色之間所能產生的羈絆力量。

非玩家角色

　　遊戲世界裡頭還住著其他的角色（和生物）。每個角色都和你有一些關係——盟友、敵人、或是中立角色。非玩家角色（NPC，non-player character 的縮寫）顧名思義，你不能直接控制這些角色。不過，你在遊戲中的選擇可能會影響他們的行動。遊戲中大部分的角色都是 NPC。下面就讓我們來看看你會遇到的各種非玩家角色吧：

盟友

　　盟友這個角色要不是協助你，就是需要你的協助。他可能是突擊隊的一員，或是你要前去拯救的公主。

中立角色

　　遊戲世界的中立角色對你既非友善也不充滿敵意。他可能是路邊閒蕩的路人或是販售武器的商人。中立角色讓遊戲世界鮮活起來，也建立遊戲所在場合的真實性。想一想《星際大戰》的酒吧，裡頭主要都是中立角色

（但有些角色對機器人沒好感）。場景中的中立角色增添了豐富度，並讓我們認識位於帝國角落的那個世界。事實上，他們讓我們了解帝國和反叛事件的狀況。這世界有著立體向度，不是全然的黑與白。遊戲虛構故事的問題是很容易非黑即白，中立角色能在其中注入有趣的灰階變化。

敵人

敵人是指積極摧毀一切你想達成事物的仇敵。敵人形形色色，力量也分不同層級。在第一人稱射擊遊戲中，敵人涵蓋範圍從一般砲灰，到狙擊手和榴彈手等特定的軍種。

要記得，NPC 的種類歸屬也會依照玩家行動而視情形改變。拯救一個中立角色可能使他成為盟友，攻擊中立角色則可能使他成為敵人。

另外要注意的一點是，NPC 可能是具有自我動機的角色，也就是說他們有自己計畫中的意圖，並與主角的意圖互相衝突。舉例來說，如果玩家角色是尋寶者，NPC 也可能是另一名尋寶者，那麼以整體情勢看來，他就與玩家相互競爭。有時候他可能覺得跟你合作有利於達成短期目標；有時候，你得和他搶奪戰利品。

或者，有些角色肩負與你無關的任務。不過，你在遊戲過程中慢慢發展出和他們之間的相互依存關係。對一個要對主要反派角色施以復仇計畫的女間諜來說，只要最終她能報仇，她會願意協助你的英雄角色。

很顯然地，這些複雜的角色各自需要額外的程式編碼和故事發展，才能完全整合到遊戲過程中，因此你通常會注意到這些角色才是遊戲的「主要卡司」。

關卡魔王

關卡魔王（level boss）是玩家在遊戲一路通關過程中會遇見的特殊 NPC。他們通常具備與本身動作關聯的特殊遊戲玩法，比一般敵人還要強大，身上還可能附帶著專屬的故事要素。要通過一道關卡或是完成一

個任務，通常需要打敗關卡魔王。遊戲中重大反派通常稱為大魔王（end boss），這個角色通常會有最難以被擊敗的遊戲玩法。大魔王和玩家角色通常會藉由敘事奇想連結在一起。

玩家指示角色

在戰隊風格和探索冒險遊戲中，玩家指示角色（player-directed character）能接受玩家下達的指令，這樣的風潮愈來愈盛行。以戰鬥遊戲為例，你可以控制一小群同伙的士兵；你能下令他們攻擊敵人、移動到特定位置、甚至是掩護你。

玩家指示角色是玩家角色底下的一類。進行遊戲時，對他們下達正確的指令（並確保他們活著），就如同控制玩家角色一樣，是成功的關鍵。一旦對玩家指示角色下令後，他的 AI 就會完美地執行命令。但是，你從沒直接控制這些角色。與這些角色相關的互動關係和故事要素通常會很深層，因為你會在不少戰鬥和冒險場面與他們並肩而行。貫穿整個遊戲過程，你可能會控制許多不同類型的玩家指示角色。

玩家角色與 NPC 的關係與互相依存性

遊戲編劇和設計師與自己創造的每個角色都有關係。有些角色（像是主角）會讓你花上數天、數週、甚至好幾個月來精修和開發，而其他角色（像砲灰角色）幾乎是以樣板貼上。不過，無論你花了多少時間讓角色進到遊戲或實際螢幕上，確實完成你的工作後，玩家就會對他控制的主角投入情感，並與遊戲中的其他所有角色有或深或淺的關聯。

儘管前面已經做了些許討論，我們想再多花點時間討論 NPC，因為他們的行動是由設計所主宰，因此在遊戲體驗上有最強的整體效果。

NPC 在任何時候都會是玩家的盟友、中立角色、或是敵人。如下表所示，玩家角色和其他角色之間的可能關係會落入圈圈叉叉那樣的井字遊戲

棋盤中。我們把經典範例填入各種角色類型中，不過當然無法一次列出所有的可能性。

以我們的遊戲為例，預設你設計了一款二戰遊戲，而你擔任的角色是在壕溝中面對無人之境的美國步兵。

```
行動要項

β    角色關係表

     為你的遊戲製作一份充實的角色關係表。
```

角色反轉與後續

靜止的情境無法構成劇情。劇情發生於動機改變（或揭露）；發生於化敵為友或是化友為敵；發生於中立角色轉變成效忠某一陣營；或是發現朋友其實是敵人，又或是敵人其實是朋友。

■角色關係表

以玩家為中心	盟友	中立方	敵人
	這角色和你並肩作戰、給你有價值的資訊，幫助你通過冒險征途。這名 NPC 通常是遊戲中一個「擔任要角的」角色。 例 你的戰隊首領鄧菲士官（Sgt. Dunphy）	這角色視情況可能願意幫助你。他們既非友也非敵，而會視情況而定。這類角色有時在遊戲敘事上扮演著重要角色。 例 法國酒館女侍蘇菲（Sofie）	反派角色，他們的任務無非是阻撓你或殺掉你。這些人可能是魔王或是不斷出現的反派，因此經常處於遊戲敘事的核心。 例 德軍步兵指揮官路卡斯中尉（Lt. Lukas）

	盟友	中立方	敵人
以位置為中心	這是守護衛前哨站的士兵。你會在那裡與他並肩作戰；你走掉時會把他留在原地。這些角色也常常是「紅衫」（red shirts）。 例 威爾許大兵（Private Walsh，很快就會陣亡）	專屬於特定關卡或遊戲地點的任何角色。這些人不同於以玩家角色為中心的中立者，他們通常不會反覆出現，且比較容易受影響而成為友伴或敵人。 例 從被轟炸村莊逃出來避難的農民	你在遊戲裡遇到的敵人大多屬於這一類。他們通常是守衛，會負責巡邏和保衛一個特定地點（也可能攻擊某地）。這些人沒有針對誰，就只是依照職責行事。 例 德軍重機槍操作員
具自我動機	這角色因為自身的計畫意圖而與你相互配合。他們有時候會間接地帶給你麻煩。 例 法國自由戰士	這些角色沒有和雙方結盟，只是想要達成自己的目的。 例 投機商人路易（Louis），從事戰地軍火貿易	在世界各地遊走的敵人，是你任務上的競爭者。他們不一定跟你的敵人有結盟關係，但也是你的敵人。 例 跟你競相成為下士的大兵福克斯（Foxall）

　　遊戲歷程中，角色的結盟關係會有所改變。大家都可以想到我們的手下跟班、指揮官、或同行者原來是壞人的那種情景。因為遊戲的敘事要夠精簡，能運用的核心角色有限，因此導致故事結構中心常有叛變的情形發生。舉例來說，你一直認為是在幫助你的戈里尼動爵（Lord Gornishe）被揭穿其實是敵人。現在，你必須要和戈里尼動爵對戰了。

　　雖然我們知道會發生叛變（是我們自己設計的），但最好不要被玩家看穿，這樣在揭露時刻才會帶給他們驚喜。要是做得好，這會是個令人滿意的轉折（如果有妥善的伏筆，玩家就會注意到我們給的線索，並認為這

樣是「公道」的安排）。隨著遊戲關係的演變和改動，就有了生動的劇情和遊戲世界。但要是我們沒處理好，則會毀了先前的安排。沒有什麼會比打贏遊戲，卻感覺被故事唬弄還要糟糕的事了。

遊戲和其他娛樂種類不一樣，玩家自己可能就是觸發其他角色轉變的原因。你在遊戲過程中的行動會影響其他角色對你的反應。角色動機和結盟情況會有動態的變化，而這對探索遊戲獨到的關係與互動來說是很棒的機會。

至於反轉，尤其是因玩家行動所導致的身分反轉，會更勝於單純的身分揭露。

打從你在遊戲過程中啟動情節發展的那一刻，戈里尼勳爵的背叛就不再是老套的戲碼，而是吸引人的劇情。或許戈里尼勳爵會說：「要是你幫我重新奪回城堡，我就加入你的隊伍，一同對抗暴亂者沃洛什（Vorlosh the Incontinent）。」確實，他協助你打敗沃洛什，但你決定拋下城堡任務，反正那也不在你的任務清單上頭。現在，戈里尼勳爵對你反目成仇。你的背叛（透過遊戲玩法）導致他（在遊戲和敘事中）的背叛。

接著你得付出代價，必須多打幾場意料之外的戰爭。要是你被殺死，或是你在決定背叛前有存檔，而回頭去完成原本的城堡任務，或許能得到意外的好處。不管是哪種情境，未來的冒險和故事都隨著你的決策而變化。要是你幫助戈里尼勳爵，他的手下之後也會幫助你；要是你不幫，他們就會跟你作對。

設計時要好好考量可能引發這類後果的種種選擇。雖然這些選擇能夠增加遊戲的深度，但也會增加要運用的資源和複雜度。雖然不說大家也該知道，但我們還是要在這提醒，不管是什麼後果都不該讓玩家剩下死路一條。可以讓他過得更艱辛，但不應該奪走他的性命。

唯有在互動式媒體當中，才能夠實踐另一種可能性與後果。多重角色和故事弧不需要藉由「分支」的手法來處理，而可以創造一系列的條件式觸發因子，直接影響遊戲中任何角色與你的互動方式。上述例子只是中立

非玩家角色 NPC 因為被射擊而成為敵人的較複雜版本。背後的概念基本上是一樣的。當然，要是你希望遊戲主要角色能有如此生動的變化，就要提供多種替代任務和故事分線來支持。

角色的獎酬與懲罰

獎酬與懲罰是遊戲設計真正的核心驅動力。這就是引誘或促使你在遊戲中前行的蘿蔔與大棒。因為我們在玩遊戲，當然就會期望有獎酬（晉級、勝利）和懲罰（阻礙、敗陣）。

獎酬包括從增強威力到播放勝利動畫等多種形式。懲罰則涵蓋失去性命（等同於失去到某一點的進展，以及失去花費的時間）還有失去機會。

一般來說，遊戲中的獎懲是由設計師負責。不過，要想知道遊戲世界，以及角色在其中的地位，莫過於觀察其行動受到了何種獎懲。這就是遊戲的「價值體系」，需要敘事相互呼應。不管在哪個世界，特別是在遊戲世界中，一切都取決於受重視的事物。

角色受他所做的選擇來界定，這點向來千真萬確。英雄在遇到逆境時做出選擇，繼而展露自己；壞人在誘惑出現時露出狐狸尾巴。遊戲的美好之處在於它能夠讓你為各個角色進行選擇。

我們假設你正在玩遊戲，你的角色狀況如下：護體值低、為了拯救人質必須跟時間賽跑。要是在護體值低時發起攻擊，可能在拯救人質時喪命。要是加強護體的話，會變成人質而可能死掉。這是多層次的困境。你會怎麼做？你的選擇必須在遊戲設計和敘事中得以預期和操作。最終抉擇所得到的獎酬或懲罰，將是整體遊戲體驗的關鍵。這些兩難情境是鼓勵你繼續向前、再度嘗試，還是把遙控器扔到房間另一頭去？

要是你扮演的是一個界定明確（有許可的）的角色，那麼遊戲玩法和虛構故事都會衍生自該角色的人格。舉例來說，大型系列作品禁止英雄角色刻意傷害無辜人類。因此波及旁人會受到嚴屬的懲罰。相反地，如果扮

演得是反社會人格者，角色可能依照殺掉的人數而獲得獎賞。這是重大的決策。遊戲設計中，你必須決定角色會做哪些事和不做哪些事。你允許玩家做出不符合角色個性的事情嗎？或者你會對某些行動祭出懲罰呢？

不是所有獎酬都要有令人滿意的直接後果。就好比說，假設處理的是內涵豐富的系列作品，我們認為應該在遊戲裡添加細微的資訊。可以把這些想成是關於魔王或是地點的冷知識，提供給玩家當線索，但基本上，這些訊息的性質是為了提供關於該系列的歷史做為知識蒐集。玩家可以在典藏資料庫中，像在看小電影或幻燈片那樣瀏覽蒐集來的資訊。這樣一來，你提供的獎酬儘管超乎遊戲本身的敘事，仍屬於整部系列作品的敘事範圍。

以下是用來賞罰玩家的常見方式。想想看要怎麼把這些做法融入設計和故事中。

獎酬

- **資源（性命、生命值／血量、燃料、彈藥、武器）**：遊戲的這些資源都大多都分散在環境中，在探索區域時就能找到。這麼一來，設計者可以「沿途撒落」物品來引導玩家前往期望的方向。也可以從死亡敵人身上掉落資源，迫使玩家要身歷險境才能獲取獎酬。

- **威力增強道具（Power Ups）**：威力增強道具賦予玩家應付特定任務的增強力量與能力。效果通常是暫時的。

- **資訊**：這有好幾種形式，包括告訴你去哪裡找到必須交談的角色；或是給你尋找寶藏的線索；或是哪扇門能通往下個世界；或是打敗魔龍的方法；又或是敵人可能在哪埋伏。資訊是很棒的獎酬，能夠鼓勵玩家繼續深入玩下去。

- **鑰匙（用來解鎖遊戲新區域）**：這裡講的鑰匙是通用說法，泛指能解決問題的物品（雖然遊戲裡還是會出現要找到「紅色鑰匙卡」來通過「紅色門鎖」的設計，但這是為了能夠順利進行，也方便玩家理解。）

- **技能（戰鬥、攀爬、匿蹤等等）**：這是提升角色等級和獲取新能力的方法。例如，遊戲玩得愈深入，肢體就變得愈靈活，能開啟先前角色還不能進入的新關卡區域。

- **分數（如果遊戲持續計分的話）**：有個數字能當做衡量進展的客觀參考（無論這個計分系統多麼武斷），仍會令人感到舒爽。

- **更新和強化道具**：提升你既有的武器和裝備。例如，武器的消音管、或強化鎧甲的魔法鏈甲。

- **蒐藏品**：有附加價值的元素，對遊戲進展不一定有直接效果。

- **解開困難關卡**：這個獎酬讓你能去挑戰困難度更高的關卡（通常得先成功突破前一個關卡）。

- **揭開暗藏區域或角色**：這會帶來大大的滿足感，因為額外的好處是獲得探索的喜悅。

- **新的結盟關係與新盟友**：通常，任務成功會使己方陣營得到更多戰士與友軍的加盟。

- **遊戲存檔點**：許多遊戲為了最大程度地提升遊戲張力，將存檔點安排在某個策略性的地點，只要你能一路抵達而沒被殺死，就可獲得這項重要獎酬。

- **彩蛋**：彩蛋是指具附加價值的物品、暗藏的遊戲設計、特殊的遊戲編碼等等（還有一些內行的笑話）供玩家探索。

懲罰

- **進展**：這是最明顯的一個，特別是讓角色死亡（這也表示要從上一次存檔點或關卡的開頭重新來過）。

- **能力**：這會減損玩家在遊戲中往前推進的能力。生命值／血量和護體值減損是最常見的處理方式。血量減少可能影響移動速度、戰鬥方式、武器使用的瞄準難度等等。

- **時間**：時間一直以來都是操控任何情境的最好方法。大家都很了解被

「滴答滴答」聲追趕的感覺。時間被扣掉，會使情境更加嚴峻。

- **資源**：通常是拿走你已經蒐集到的資源。例如，你受到攻擊，而錢包被偷。現在你要再去想辦法賺回該資源（金錢）才能繼續。

- **新敵人**：有時候，你會發現你攻擊到錯誤的角色、群體、甚至是中立NPC，導致你突然樹立了一名新敵人，或有一整群新敵人找上門。

獎酬和懲罰有助於引領玩家在遊戲體驗中持續進展，提供有待完成的任務，也給玩家能用來衡量進展（或沒進展）的指標（標準）。我們會利用下面的範本，一一拆解表現獎懲的主要方式。

第一類是「基礎」資源，第二類是該資源的「效果」，而第三欄則是不同遊戲類型所採用的「替代方案」。

角色開發——範本

在由敘事驅動的體驗中（我們最常處理的一種），遊戲玩法與故事相互緊密關聯。當我們不斷找尋方法來結合這兩者之餘，也使兩者互為基礎以期創造出天衣無縫的互動體驗。這個目標往往仰賴於建立一個做為故事中心的強力角色，而使遊戲其他部分環繞著它來進行開發。

以下是我們用來打造「角色生平」的範本。裡頭的很多資訊或許不會直接放到遊戲當中，但這對於看清自己創作的角色很有幫助。你可以把這件事當做在建造一座冰山，就算玩家只看見上頭一小角也無妨。你在遊戲中看見並且有所互動的角色，會因為你花時間探索這些細節而變得更好。

範本中包含的一系列問題，不見得與你創造的每一個角色都相關。每

款遊戲都有不同的議題，所以這份清單要經過調整來符合你的專案需求。

　　填寫這份範本有好幾種方法。你可以看到什麼就回答什麼，用像是寫傳記的方式把事實記載下來。一般來說，我們認為讓角色自己來回答問題的效果會比較好（也很有趣），所以這邊會以第一人稱的敘事觀點來描述。

　　要是你在填寫過程中卡住，那就往下繼續作答、或是跳著回答。用非線性的方式思考，之後再回過頭，照你所能掌握的去填寫先前的空白。不久之後，角色就會開始成形，你會發現自己在回答剩下問題時能不假思索地回應。

■資源範本

資源	效果	替代物
食物	正常運作所需，某些情況下能用來爭取時間。	燃料、空氣（在外太空或是水下的遊戲）。通常用來購買血量（食物等同於恢復生命值）或是時間；燃料則代表交通工具的可使用時間。
彈藥	武器的耗材，玩家需要這些東西來戰鬥。有些遊戲也會提供擁有無限彈藥的基本武器，有些遊戲則會仔細控管彈藥以鼓勵不同的遊戲進行方式（像是匿蹤）。	需要補充的魔力值。
生命值／血量	戰鬥之後需要它來恢復自我狀態。	Karma 值（經驗值）、清醒狀態

資源	效果	替代物
護體值	讓你比較不容易被殺死（用途有時和血量差別不大）	力場、神奇的強化能力
威力增強道具	給玩家新的力量、增強舊的力量、或抵銷當前要去找尋力量的需求。	寶石、莓果、光環等
鑰匙	讓你能進出遊戲中原本無法進出的區域。	通關卡、開鎖裝置、地圖、線索、提示、資訊等
偵測器	讓你在環境中看見原本看不見的角色或物體。	紅外線、夜視系統、魔法
分數	分數分為兩種，一種是用來「買」東西的點數，另一種則是只為玩家帶來成就感的排名積分。	玩家的「排名」常常來自於獲取的分數。通過遊戲對玩家來說可能沒問題，但遊戲會鼓勵他們再次遊玩以獲取更高的排名、或是得到彩蛋等其他獎酬。
彩蛋	祕密區域；脫離最佳道路，讓玩家有新的成就內容。	範圍從相關數據，到「熱咖啡」（hot coffee）這種模式，透過祕密解鎖，讓玩家觀賞隱藏影片或遊戲設計者本人照這類設計（編按：熱咖啡是俠盜獵車手：聖安地列斯〔Grand Theft Auto: San Andreas〕遊戲中的隱藏版小遊戲，允許玩家與遊戲中的女友進行性交）。
匿蹤排名	不算是真正的資源，而是依據地點，會影響玩家遊戲狀態的情境。	陰影、警報、里程數等

■獎酬範本

獎酬	效果	替代方法
幹得好！（過場動畫）	播放畫面讓玩家知道他完成目標，並以視覺／故事／遊戲玩法的回饋給予獎酬。	關卡總結畫面（遊戲數據）
強化道具	更大的殺傷力和更多血量，讓玩家更有機會打贏更強勁的敵人。	武器改造、新魔法、彈藥包、角色強化道具
見識（知識）	讓玩家進一步深入遊戲的資訊。	開啟新關卡、隱藏的環境、預示之後會到來的行動和事件
財富	能在遊戲內購買物品的「金錢」。	點數
狀態（角色／裝備）	補充血量、護體值、裝備庫存	也可以補充彈藥、魔法、力量等

■懲罰範本

懲罰	效果	替代方法
死亡	角色會遭逢一段死亡動畫。	告訴玩家他失敗了。本身不太像是一種懲罰，尤其當玩家可以在同個地點或附近重生，而且又沒有其他懲罰。
進度損失	關卡重頭開始，或是回到前次存檔處。	《波斯王子》（Prince of Persia）系列作品就是要應對這個問題。遊戲時間倒轉是惱人的傳統（進度損失是其遊戲特色，因為能倒轉時間然後重玩）。
力量損失	取走玩家具備的能力。	力量損失的替代方式是技能損失。假設你的角色受傷，他可能會失去武器準心、跑速變慢、無法使用攀爬技等等。差別在於，這些可能是暫時的，等到血量回復，能力也會一併回來。

鋪陳範本

好的，現在你有了一個叫做《冥王打手》（Hades Hit Man）的遊戲點子。遊戲中，你飾演傑克·史雷格（Jack Slag），他要從地獄最深的角落脫逃，所以必須為黑暗領主幹些骯髒事。遊戲規則是他每十分鐘就要殺掉一名好人，不然就會落入永恆的折磨。但是，他不能殺死那些已經受到惡魔感染的人類（人數太龐大）。也就是說，他要使用自己的「明識之力」（屬於熱成像的一種變化）來確保自己成功殺死好人。

在陳述故事前提的同時，我們可以輕易推斷遊戲設計的一些重點。通常，故事會引導到一個有邏輯的遊戲機制，反之亦同。我們可以了解遊戲的基調（黑暗、甚至富有爭議性），想像在地獄和真實世界之中的每一道關卡。我們知道玩遊戲時會同時面對人類和惡魔，甚至還有天使；知道自己有地獄來的特殊力量；知道時間緊迫，還有失敗的話會遭遇嚴重後果。

現在，我們來看看範本會怎麼寫。根據上述的《冥王打手》設定，我們要為傑克填寫範本，再看看結果會是如何。

■角色範本

名稱	傑克 · 史雷格
故事目標	我們要跟著傑克走上他自己的救贖之路，即使過程曲折離奇。
遊戲玩法目標	玩家角色
立場傾向	中立邪惡。他不亂殺人，而是殺掉阻擋自己的人。
性格	勇猛
整體品格	冷漠空洞。他通常精神恍惚，但眼神中偶有生機。

名稱	傑克・史雷格
特殊能力	他能看出無辜的靈魂，接著就掠取過來獻給黑暗領主。要注意，他終究可能會遇上非常純潔的靈魂而扣不下板機，因此帶來比他想像還要嚴重的混亂場面。
教育／知識程度	受過大學教育、甚至有博士學位。他在活人世界一路走來相當艱辛。
家庭	他記不起來，但內心希望可以想起。
期望	傑克發覺自己受到永恆詛咒。他只希望最終苦難不要太淒涼。雖然希望不大，但在當下也別無他法。
成癮	賭博。唯一能讓傑克感覺還活著的時刻就是在擲骰子的賭桌上。
職業和態度（好或壞）	魔王的打手。起初他對這職位有所不滿，但近期已經對任務上手了。
目標	殺死無辜靈魂，把他們送入地獄。避免永恆厄運（不要比自己已經遭遇的景況還要慘）。
這角色想要什麼？	希望最後能被放過。但是，這看來應該不會發生。
他有什麼喜愛的人事物？	在傑克模糊的記憶中，家裡有養寵物，但他不記得是貓還是狗，又或許是鸚鵡。他認為自己很珍愛這隻寵物……至少他希望如此。想不起來這件事情對他來說是個困擾。
他害怕什麼？	沒有，所以說這個人非常危險。要是惡魔知道這點，可能不會選用這個人。
為什麼他會攪入這場混水？	他別無選擇。

名稱	傑克・史雷格
其他角色或身分？	傑克可以在融入人群之中，看起來和一般人無異，在路上擦肩而過也不會特別注意到他。
一個描述這個角色的形容詞	焦愁
技能	專業的神射手，迅如閃電（打手當然懂得用槍；如果他不會，那就是出於特殊的原因，而或許這就是他得在冒險過程中學習的技能）。
上級	相當於地獄總司令。這可以是活人、死人，或放開一點來想，不見得要是人，但也不見得要是惡魔。或許他能透過心電感應來聯繫和接受命令。
下屬	無
招牌物件	傑克有把具殺人意識的詛咒之槍。他要好好安撫這把槍，不然自己也會遭殃。
常見的情緒（從右欄中選三項，列在右下欄）：	情緒類型：疲累、困惑、狂喜、愧疚、狐疑、憤怒、歇斯底里、挫敗、悲傷、自信、羞赧、快樂、兇惡、感到厭惡、害怕、激憤、羞愧、謹慎、洋洋得意、低落、情緒潰堤、滿懷希望、孤單、戀愛中、嫉妒、感到無聊、詫異、焦慮、震驚、害羞
	疲累、悲傷、兇惡
招牌動作	傑克走路時聳著雙肩，彷彿想跳出自己皮囊似的。
國籍	不拘，他可能來自任何地區。
族裔	一樣不拘。
宗教	（嚴重）墮落的天主教

名稱	傑克 · 史雷格
最愛的食物	炒蘑菇
角色的裝扮（注意：角色可能穿各種不同的衣物，但會有個「標準」樣貌。像龐德穿著燕尾服、印第安那瓊斯穿皮外套和軟呢帽）	避免落入每個反英雄角色都穿著防塵衣的俗套，我們來試試看有什麼其他選項。或許可以穿著暗色系套裝或他下葬（死亡）時穿的衣服。裝扮不僅要有代表性，還要有原創性。
口音	有趣的一點。依稀有個難辨識的口音，能指向我們想要探索的背景故事。
對白特色和俚語？	傑克說的或許是另一個世代的慣用語，這表示他困在地獄的期間比大家原本想的還要久。
這角色最可能「融入」的地點？	地獄和大型都會區的各大場所。
這角色在哪裡出生？	伊利諾州的斯普林菲爾德（Springfield, Illinois），不過傑克目前還沒想起這一點。
這角色去過哪些地方？	傑克環遊世界。他到世界各地尋找無辜靈魂時，感受到生前去過那些地點的既視感。遊戲進展的同時，這種連結感變得更強烈。背後似乎有個更大的策畫，而他被迫去「狩獵」的地點也並不是大家所想的那麼單純。
這角色住在哪裡？	傑克無家可歸。
他在哪裡死亡？死法？	傑克在閃躲警察時出車禍而死。他想不起原因，但他記得還有其他人死掉。
角色穿戴或披在身上的物品（珠寶、刺青等等）：	傑克在兩手的手心刺上骰子刺青。奇怪的是，隨著情境和心情不同，骰子朝上的一面會變換。這有可能是個一種預示裝置……要是傑克在手心看看見了「蛇眼」（雙么），表示狀況不妙，要是他看見數字七，情況就很不同了。

名稱	傑克・史雷格
角色的兩面（性格上的衝突）	傑克遇到「純粹無辜者」而無法扣下板機，這將導致災難，也是重大故事情節和遊戲歷程的反轉處。在此要好好顧及基調問題。
角色對於遊戲中不同事件的反應（走過幾個階段）	早期，傑克對於他人的痛苦與苦難冷眼相待（而事實上，那通常是他造成的）。到了某個時間點，有一件事會出乎意料地對他產生影響。或許他感到喜悅，又或許更露骨地說是……他感受到愛。
與其他重要角色的關係	惡魔——一開始他是惡魔底下的嘍囉，但逐漸成為一股威脅。
無辜者（角色待定），這角色會幫助傑克停止墮落下去。	死亡天使——為「錯誤的一方」辦事，因此跟他敵對。
我們在路上遇到這個角色時會想些什麼？	會很緊張，但不是因為他的外貌，而是因為他給人的緊迫感和空洞雙眼。
重頭戲開始前三天：遊戲有一半的可能性發生在這角色人生的重要一刻。這件事情發生前他在做什麼？	在地獄深處受盡無限折磨。
這角色的初夜是什麼時候？（這個問題很好玩）	天馬行空一下，傑克可能是個處男。
道德：遊戲中角色做的道德選擇。這會影響我們扮演這角色的玩法嗎？	我們對這角色的道德抱持模糊態度。我們可以有個大反轉的設計，起初做什麼都不用承擔後果，讓傑克（和玩家）大肆做想做的事，接著來個大逆轉，讓傑克必須收拾他造成的混局。
情緒穩定性	傑克逐漸失去理智。尚處於初期階段，但狀況會透過他的對白或是與其他角色的互動顯現出來。
他做什麼事情來自我安慰？	賭博大夢。

名稱	傑克．史雷格
恐懼症：懼高、怕蛇、怕黑等等。	傑克受不了孤單一個人，儘管他同時也巴不得自己能落得自己一人。
虛榮心	傑克有著不經意的酷勁。雖然狀況淒慘，但他就像是如假包換的電影明星。
口頭禪	「你該見見真正的造物者了。」
墓誌銘：角色的墓碑上會刻什麼字？	英年早逝，但罪有應得。
演員建議	再想看看好了。
年紀和健康狀況的大致印象	三十五左右，健康走下坡。
身高的大致印象	比多數人還要高，但走路時稍微駝背。
體重的大致印象	體態好
體型	精壯
髮線／髮色	快速掉髮中，深褐色帶有灰色鬢角。
瞳色	暗綠色
臉部毛髮	無

角色範本摘要

好的，填寫範本讓我們對角色有哪些了解呢？我們確實盡力考慮了能扮演傑克．史雷格的所有方式（迷失的靈魂、受盡折磨、甚至是解開束縛，經歷過地獄極苦後現在享受著當前任務）。有一個很明確的問題必須提出來：史雷格在生前到底做了什麼事情，導致他墮入地獄？這或許是遊戲的一大情節要點，也是我們現在必須要回答的，而目前已經有許多可以著手討論的材料。

在上面的範本中，你會注意到除了直接應答，有時候我們也會受到提

問的啟發。這正是利用這個架構來發展角色的價值。有了這個簡單的前提，加上前面一一填寫的範本內容，我們已經有些進度了，可以看見遊戲玩法、故事、和反英雄角色。

你會注意到，有一些常規問題（身高、體重、瞳色等等）擺在範本結尾，因為通常在探索角色的動機和慾望時，他的型態也會漸漸成型。角色外貌往往反映了他的渴求、需要、狀態、當前處境、和生命經驗。把這些問題放在後頭，才不會在思考這個角色的過程中限縮了創意。

表中很少涉及直接的背景故事、生物學方面的內容。知道主角出生在哪是很有趣，但真正的問題是：「這對遊戲設計有什麼影響？」角色在故鄉工作的情形，會跟他在從未去過的地方工作不一樣。

我們要堅守只挖掘相關的事物。例如，知道哈利波特（Harry Potter）的父母對我們來說重要，龐德的父母則不然。有時候，遊戲設計會比故事先行，而影響與角色相關的事——如果你製作的是水下探險遊戲，你當然要創造出適合水下探險的角色。深思角色的設定，通常就能形成有力的工具，不僅充實角色，也豐富了核心的遊戲玩法、關卡、橋段等等。

團隊很喜歡角色範本這塊豐饒之地，因為在這裡能激盪想法、互相討論、或是展開論辯。

明顯可見，這個樣本是為主要角色的設計。為次要角色填寫範本時，可以刪除一些過於深入的問題，或使用另一張實用的範本：描述組織和階級的範本。

行動要項

G 角色範本

你預期到會有這個練習吧。利用範本來創造一名角色。他可以是你遊戲裡的英雄或主要的反派角色。如果你沒有什麼想要打造的原創角色，那就填入你的個人資料。或許你會在過程中發現與自己相關的趣事（好比你應該自己成為電玩角色）。

建構角色所屬的組織：遊戲與故事的要件

　　幾乎每款遊戲都仰賴大量敵人，包含非正式編制的（殭屍、街頭混混、獸人）、或有正式編制（騎士、犯罪家族、軍隊）的類型。我們把這些角色視為組織中的成員，並為這個組織團體發展出詳細的故事。雖然故事細節可能完全不會進到遊戲敘事之中，但對敵人、盟友及其組織創造出一致的視野，對遊戲設計有著深遠的影響。這是尋找機會的豐沛領域，讓你能好好發展鎖定的主要對象，而不是無窮無盡的砲灰角色。

　　為達成這個目的，我們開發出「組織範本」。這份範本是要將角色群體和領導者整合成一個完整團體，方便關卡設計師、美術設計師、工程師、和其他團隊成員更了解玩家在遊戲中會遇到的衝突對象。

　　我們也利用同一份範本來開發主角的組織（如果他隸屬於某個組織的話）。舉例來說，要是你的玩家角色是封建時代的日本武士，你就要盡可能了解他所屬的軍閥和軍團，因為這明顯會影響主角的動機和背景故事。

　　注意，在這個範本中，我們將改編約翰‧沃登（John Warden，第一次波斯灣戰爭的空戰活動籌畫師）對系統作戰的「五環理論」。沃登從任意組織中辨識出五個獨特的元素，並稱之為「五環」，包含領導（負責帶領的人）、必要系統（組織運作必要之物）、基礎設施（通常是必要系統的實體呈現，像是建築物、堡壘、通訊、設備、食物等等）、人口（構成組織的人員），最後一項是操用力量（保護這個組織的人和物）。

　　我們以沃登的理論為出發點，開發了下面這份組織範本，用以充實遊戲裡會遇到較大型陣營的遊戲與故事要素。

■組織範本

名稱	這是我們在此側寫的組織名稱（可以的話也加上首字縮寫）
團體的目標	敵人和地點要有真實感；他們的存在不僅僅是阻撓主角的機制，事實上，我們還得知道他們每天在做什麼事情，以及為什麼主角會成為他們的眼中釘。
領導	誰領導這個組織？通常這會是關卡魔王。
身臨教條	這個團體的性質是什麼？是個頑強而暴力的組織，還是不太染指暴力事件、世故的白領犯罪者？
公共意識	這組織是公開還是祕密運作的？介於這兩者之間嗎？（例如中情局內部的一個部門）
運作方法（M.O）	他們的運作方法是什麼？這個團體如何得到想要的東西或是達成期望的目標？
勢力	團體的勢力有多龐大？是地方性的團體或是跨國的威脅力量？主角在攻擊這個組織之前必須考量哪些事情？要是他加入會有那些益處和風險？
必要系統	他們靠什麼來生存？指的是那些他們沒有便無法運作下去的東西。
基礎設施	建築物、重要地點。他們住哪？躲在哪裡？他們需要那些支持來維持運作？
操用力量	這個團體具備的命令單位和部隊類型。裡頭包含的不只是人力，還有設備。例如，武裝部門不只有士兵，也包含坦克和空中支援力量。
態勢	採取守勢或攻勢？敵軍系統如何自我防衛？要靠什麼來啟用攻擊？
人員	組織內的人員有哪些性質？例如，監獄內有形形色色的囚犯、守衛、服務人員、探視者等等。

有哪些交易對象？	一般來說，組織與其往來對象會物以類聚。
熱忱	組織的人力是領薪的傭兵或是真正的信徒？
弱點與畏懼	組織最害怕什麼？他們的致命弱點在哪？
真實世界相比擬者	真實世界中有什麼相仿的組織？
外觀	他們穿著制服嗎？還是便服？哪一種？
象徵	商標、旗幟、企業標記等等。
整套裝備	典型武器、工具等等。

組織範本摘要

　　如你所見，這份範本可以幫助一般軍事單位、街頭幫派、祕密行動小組、以及奇幻宗族等幾乎任何一種組織建立其統一的架構。當主角對他所面臨的組織有一致的觀點，遊戲就會更加堅實。各項要素的靈感經常能藉由這份範本產出，像是動作橋段、地點、載具、武器和敵人等等。所以，組織範本要比照角色範本的使用，跟團隊共享並鼓勵意見回饋。

行動要項

G 組織範本

利用這份範本，詳述遊戲中主要敵人或盟友的組織結構。

敵人的狀態與結構

通常，敵人是由執行遊戲的程式碼所控制（單一玩家遊戲）。這表示在研發仇敵時要考量基本的 AI 設定。以下列出的是我們對某一款遊戲的研究。而製作這張表是為了要理解敵方角色的運作方式。表中包含敵方角色可能的狀態，還有他們依據你的行動會怎樣繼續下去。

要注意的是，這並沒有完整列出 AI 議題（整本書都在談這個主題）。我們在這提出來，是為了要讓你理解開發敵人時的種種考量。這也有助於思考他們的強項和弱點，還有他們在遊戲中如何現身。

未覺察

「未覺察的敵人」有兩種模式：守衛式和巡邏式。簡單來說，巡邏式敵人會移動，而守衛式敵人是靜態的。巡邏式敵人會跟隨預設好的路徑或是活動（直線、節點、或區域式巡邏……依照引擎設計）。這讓玩家有機會觀察敵人（判斷他們的行為模式），並決定最佳的行動時機（匿蹤通過、攻擊等等）。

守衛式敵人在未察覺的狀態下會待在固定的特定位置，種類像是門口守衛、使用電腦的實驗室技工、在牢房裡的囚徒等等。

玩家很容易從未覺察的敵人旁潛行過去，或是接近他們來攻擊，他們的偵查半徑範圍很小。

警覺

「有警覺的敵人」知道你的存在，只不過還沒發現你的位置。

有四種方式可達成警覺狀態：

• 視覺偵測
• 聲音偵測
• 警報

- 發現身體

　　一旦敵人有了警覺，他的狀態就會進一步改變，並且採取與未察覺狀態時不同的行動。

　　除了以上提到的行動，有警覺的敵人也可能進入搜查模式。在這模式中，敵人會依照偵測到的方向去搜尋你的蹤跡。搜查中的敵人不會離開原本所屬的區域或是設定的巡邏範圍。

　　要是有警覺的敵人在預定的時間沒有進入活躍狀態，便會回復到未察覺狀態。

活躍

　　「活躍敵人」找到你的蹤跡。有四種方式可達成活躍狀態：

- 視覺偵測
- 聲音偵測
- 警報
- 發現身體

　　活躍型敵人會採取下列一項或多項行動模式：

狩獵

　　「狩獵中的敵人」已經發現你的位置，並積極前往該處。這與搜查不同，因為敵人已經發現玩家角色，並且鎖定迫近的玩家位置。

攻擊

　　敵人使用遠程武器或是在近身戰中對你展開攻擊。使用遠程對多武器時，所有敵人都可能會朝你攻擊。而在近身戰中，敵人攻擊必須錯開，所以同時攻擊你的敵人不會超過兩名。

保護

敵人守衛某個地區或是物體，而不會追打人。「保護型敵人」在血量下降時可能逃跑，或是進入狂暴模式。

逃跑

敵人會逃掉。「虛弱的敵人」在血量降到一定的低點後會試圖逃跑。NPC 的反應往往就是逃跑。

警示

敵人會使用「警示按鈕」，或自身配備的發射器來示警他人你的存在。NPC 也可能有這種反應。

發動警示後會讓該區域所有敵人進入活躍狀態。

狂暴

「狂暴」（berserk）狀態的敵人會戰鬥至死。唯一阻止他的方式就是把他給殺了。狂暴的敵人不會示警他人，因為他們忙著和你對打。

睡眠

在近身戰被打昏的敵人算是進入了「睡眠狀態」。「睡眠中的敵人」無法執行任何行動、完全失去意識。在三十秒動彈不得後，可由另一名守衛喚醒，或是等到預設的時間後自行甦醒。

「被喚醒的守衛」會回復到警覺狀態，並且會立即回到巡守崗位，只有察覺到玩家的存在，才會轉變成活躍狀態。

死亡

敵人在經歷槍戰或遭特殊武器擊中而喪失意識，就算是死亡。死亡的敵人在該關卡中無法繼續執行任何行動。

發現「死亡的敵人」後，會引發其他敵人的警覺反應。死亡敵人的模型可從緩衝器退下，但他們生成的物件（武器、血條）會留存。

較大型遊戲體驗中的角色

依照遊戲的本質，會有一系列的基礎規則來對應複雜的事件和情境。創造規則並遵照規則來玩遊戲，設定遊戲體驗的脈絡、結構和目標。規則讓我們能夠立下期望並且界定輸贏。

遊戲不同於真實生活，必須要為角色設立一套規則才能分類，進而支持整體設計的各項要素。這並不表示我們不能創造一個具備多面向，而且有著層層豐富關係與互動的精彩角色。不論如何我們都要體認到，所有遊戲中的角色都是為了要構成完整的體驗。如果我們所開發的角色不能適切地歸屬到一個類別，就得預期這不僅會影響故事，也會影響到遊戲的進行。

創建角色及其隸屬組織的範本並非不可動搖，反而可以依據不同專案不斷加入內容和精修。你也應該運用類似方式多加實驗，把範本當做跳板一樣來協助你打造角色，你會驚訝自己對創造物有深度的理解。要是你的角色變得豐沛複雜而使人困惑難解、開始對你有些回饋的對話，甚至有了自己的獨特生命，這是再好不過了。

06 遊戲概念與腳本步驟

概念開發

電玩遊戲寫作是由許多作用不同的「交付標的」（譯注：合約上需要如期完成的工作項目）組成的製作過程。與其他寫作類型不同的是，你的交付標的無法統整為單獨一份文件，而是分成數份在製作期不同階段交付的文件所組成。你通常要同時交付好幾項彼此無關的項目。例如，當你撰寫故事大綱時，可能也要同時寫好一場戲的範例腳本。

你可以把它視為一個並行的流程。儘管編劇通常傾向從宏觀到微觀的工作流程（像是先完成大綱再開始撰寫對白），但通常還是得同時完成這些工作。好消息是，遊戲寫作是不斷迭代的過程，你通常會有很多機會來敲定對話和其他項目。

你的鉤子在哪？

鉤子（hook）是一個用來激怒編劇的詞彙。大量接觸電影工業的製作人可能會問你：「你的鉤子在哪？」當然，所謂的鉤子並沒有明確的定義，

它概略的意思是：「有哪些可以吸引人注意的東西？」（它起源於音樂產業，無論是歌詞或音樂上「吸引人」的東西，都會讓你專注在這首曲子上。）

對我們來說，你可以把它視為遊戲盒背面的宣傳文案，或該文案的標題：「喬伊·羅斯必須犧牲靈魂才能進入地獄之門，正面迎戰惡魔路西法。」

行動要項

G 寫下鉤子

為你想玩或想做的遊戲設計一句鉤子。

故事是什麼？

通常可以總結為故事的前情提要（premise，有人稱之為論述〔treatment〕，但技術上來說並不正確）。這是一份總結你故事的簡短文件（二至四頁即可）。寫下鉤子要盡量簡短，因為人類天生就有轉移焦點的傾向，而整個過程很可能會因為大量的旁枝末節而脫軌。

有哪些角色？

包括你的主要角色、玩家角色（們）、及其伙伴或盟友、大魔王（或環境魔王，通常是你在最後一個關卡的敵人）、關卡魔王（每個關卡最後的敵人）、以及每個魔王都會搭配的小兵。這是遊戲中非常重要的部分，因為玩家絕大部分的時間都在看著這些角色。此外，你也需要考慮遊戲中的人口狀況。遊戲中有非友非敵的角色嗎？他們是誰？

地點（遊戲世界）設定在哪裡？

遊戲關乎著存在的世界。你的生死皆在遊戲世界之中。《俠盜獵車手》（Grand Theft Auto）系列存在於一個充滿罪犯、妓女、警察和無辜民眾的世界。這個世界的美術和地點都明確反映了居民的生活樣貌。前面章節已經介紹過遊戲世界。這裡的重點是，別忘了你得在遊戲世界的像素空間中

度過大量時光。

什麼是系列作品？

系列作品（franchise）是你會碰到的另一個詞。根據前後文的不同，它對不同人來說所指涉的涵義也有所不同。基本意思是：會讓人想購買《海王星的巴掌》（Spanklords from Neptune）二代、三代、四代、五代的原因是什麼？它被改編成電影或電視劇的原因是什麼？我們可以再衍生出什麼遊戲？它是靠什麼得以拓展成多人和線上遊戲？

系列作品是當今媒體領域所追尋的聖杯。請好好思考：你是否了解客戶想達成的目標？或是你想創作自己的系列作品？這最多可能只是你文件中的幾個浮誇段落，或一個棘手的大問題。以授權作品來說，你可能會被要求撰寫一份系列作品文件（franchise document）。例如，如果你正在製作一款詹姆士·龐德的遊戲，可能會被要求要完成某些指定事項（像是必須設計主角在腳本的某些時刻說出：「龐德、詹姆士·龐德。」）。

範圍與規模

理想情況下，你接下案子時就會知道專案的範圍和規模，但情況通常不會照計畫發展。通常都沒辦法明確預測，儘管遊戲規模會隨著時間流逝而縮小（有時你負責的部分會呈幾何式增長，以彌補遊戲規模的縮減）。但無論如何，你都會希望一開始就能釐清狀況：有多少必須交付的標的？要採用哪樣的工作方法？有時你會被要求從頭開始規劃；有時關卡設計師會大致幫你「梳理」一番。你可以提出一些問題來控制情況：

• 遊戲裡預計有幾個關卡？

• 有幾分鐘長度的動畫演出預算？（如果沒人答得出這個問題，也不用太驚訝）

- 預計會有多少旁白？搞清楚這件事的小撇步是弄清楚他們有沒有雇用專業配音員。一般來說，實際的旁白預算會決定腳本的長度。如果他們採用「公司內部員工」配音的話，腳本長度就沒有上限。

- 說故事的策略（即旁白、動畫、文字、靜態截圖等等）是什麼？而在這種情況下，你得避免對口型和乏味的動畫。

- 就時間、金錢、資源和美術方面來說，有多少預算？

- 要用什麼策略來說明遊戲目標：地圖、遊戲內過場動畫（直接在遊戲引擎中生成）或預渲染過場動畫等等？我們用什麼方法告訴玩家該做什麼？如果用文字的話，誰負責寫？（這通常會直接與各個設計師合作）

- 對外交付標的有哪些？儘管這不是我們直接負責的項目，但如果想賺大錢的話還是很重要：思考其他我們想撰寫的周邊產品、網站、書籍、圖像小說、電影、電視劇等等。

如何實現交付標的？

　　困難的交付標的會受到是否通過批准、截止日期和付款情形的影響。你需要先通過批准，才能避免那些不可預期的意外。模稜兩可的事項都有一個共通性：它們總有一天會反過來狠咬你一口。主管幾乎不可能在迴避自身過失的情況下，有理有據地推翻已通過的批准。這讓你省了不少力，因為如果他想翻案並要你從頭來過的話，他有義務以某種方式來補償你面對的麻煩。主觀上，最好將事情定義得黑白分明。要事先聲明的是，我們並非提倡不信任原則──事實上，情況恰好相反。然而，專案確實需要基準、重新動議和里程碑，而你必須確保真的有這幾個層面。

　　關於任務宣言：最重要的是，整個團隊要對遊戲有一致的共識，無論那是簡單好記的一句話或是一段文字都好。那是即便專案在面臨未來黑暗時刻（肯定會有的）時，你也能清楚理解並專注於此的一件事。你需要每個在法律上或創作上有關的人簽名畫押。你需要的不僅是奉獻精神，還有

各種意義上的承諾。你需要團隊中每個人都莊嚴宣示，他們發誓為自己製作的專案負責，絕無異想天開、絕無誤解、絕無消極抵抗的行為。

帶參數的敘事策略文件

這是一份富有創造性的文件，概述如何將敘事策略應用在劇情動畫、遊戲內過場動畫、旁白、或介面搜尋等等，以期能夠盡早在這些問題上達成共識。

前情提要

這是故事的簡短版本（一段到一頁的篇幅即可），也是你在插立在地上的基樁。就像是在說：「這是我們的基本共識。」它提供了開始動工的基礎，並正式驅走那些還在四周飄盪的其他故事想法。

故事簡介

比前情提還要長，大概四頁左右。帶領讀者從故事開頭、走到困境、再到問題解決的階段。簡述主要角色和隊伍，（順帶提及或以縮圖方式）提及次要角色的名字。用意是理順（或至少確定）故事中的主要問題。

關卡的開端

這是關卡的基礎脈動（重要時刻）。它大概是一句話到幾句話的內容，包含關卡中的鋪陳、參與角色、開始、中段、結尾和回報等等。

角色生平

為主要角色撰寫較長的生平介紹，次要角色可以簡短一點。如果遊戲設定為奇幻或神話世界，也可以考慮為其撰寫一篇簡短的介紹。

關卡範本

這是為個別關卡製作的範本。關於先寫關卡範本還是大綱的爭論很多。關卡範本是為了做為一張「捕捉創意的網子」。每張「網子」都承載了一個專屬的想法，並為其賦予上下文脈絡。當其他人閱讀關卡範本時，會比較容易看見這個想法在整體概念中的適切位置。無論你是先完成範本再撰寫詳細大綱，或是先撰寫大綱再完成範本都可以（你說了算）。

大綱

這就是故事，以線性（如果遊戲是線性的話）或非線性的方式呈現。

拆解

指的是場景和旁白的拆解。

劇本論述

有時我們也會撰寫所謂的劇本論述（scriptment）。這是一份介於腳本和論述之間的文件（因此而得名）。劇本論述通常會有二十頁左右，可能包含關鍵的對白時刻（暫定的對白，用來傳遞無法以一般敘述方式表達的場景）。

劇本論述是一份優秀的文件，不但深度足以探索故事中的精微之處，還可在真正進入草稿階段前展示故事將如何融合、支援、影響，並反映在遊戲玩法上。

開場五分鐘

我們曾擔任某個遊戲獎項的評審，得在三週內審查三十款遊戲。後來我們得出一個驚人結論：沒有什麼事會比遊戲前五分鐘的體驗更重要。無論是不是評審，確實很少人能在發表評論前玩到完整款遊戲，通常只會在

不使用作弊碼的情況下通過部分關卡。就算用盡人一生的時間也不夠用來玩每一款待審查的遊戲，似乎也不必這麼做。麥爾坎・葛拉威爾（Malcolm Gladwell）在他的著作《決斷兩秒間》（Blink）當中指出，我們都可以在短短數分鐘內評價一款遊戲優秀與否（他並沒有專門只講遊戲，而是適用的原則）。

　　遊戲的前五分鐘要非常吸引人。緊密安排遊戲玩法。最好在開頭前三十秒內，就製造一個好時機讓玩家可以操控按鈕。背景故事可以稍後再說，或乾脆捨棄。遊戲應該要像生活一樣：活在當下。你會對未來充滿憂慮和期望，也會偶爾回首念舊或尋找通往未來的關鍵，但你不可能真的回到過去。你可以考慮倒敘的手法，但在現實生活中回想過去時，你有多少次會忽然將過去與現在或未來深深地連結在一起？確實會有這樣的狀況，但一定很少，所以對遊戲來說也是一樣。在開始的五分鐘內，就要讓玩家產生信心。

　　他心裡會想說：

　　「這就是我要的遊戲。我才不要在一間空蕩蕩的忍者訓練室裡面，聽嘮叨貝蒂教我做這做那的。我已經玩了一陣子，給點獎勵吧。找一些讓我無痛的方法。邊玩邊教，不要一口氣放一堆教學出來。把教學融入其中。沒人想要學習，而我也絕對不想打開教學手冊或是上網搜尋……」

行動要項

β　開場五分鐘

　　打開一款陌生的遊戲，先玩五分鐘。然後暫停，問問自己：你還想繼續玩嗎？這款遊戲吸引你的注意了嗎？你開始掌握遊戲的主導權了嗎？或者你還卡在開頭的劇情動畫中？盡可能寫下你所有的感受。

　　「在遊戲開始的五分鐘內，我應該要像明星一樣。接受挑戰，並且贏得勝利。不用遇到太多挫折就順利度過難關。我要成為這樣的英雄。這

個遊戲世界應該照我喜歡的樣子運轉。我也好奇它能對我造成什麼樣的影響。我不用知道所有事情。事實上這樣更好，但我還是應該要能預見一部分的未來。」

腳本

腳本可分為數種：劇情動畫、遊戲中對話、擬聲（onomatopoeia）。個別定義如下：

- **動畫腳本**：一般的腳本文件。看起來像一份按場次名稱與內容描述來分解的影視劇本。
- **遊戲內對話腳本**：通常以 Excel 試算表格式呈現，請多多熟悉試算表的使用方法。
- **擬聲腳本**：這類腳本不一定會與遊戲內對話腳本相關。其中包含了大量的「唉唷！痛！」、「拿去！」或「你就這點能耐？」以及各種拳打腳踢的擬聲。

遊戲寫作的獨特挑戰

與其他娛樂媒體截然不同的是，遊戲寫作面臨大量的特殊挑戰。首先，你永遠都不知道自己參與的是什麼玩意兒。當你為一部電影撰寫劇本的時候，你知道這是線性的產品。你的腳本大概介於九十至一百二十頁之間。它通常有個開頭、中段和結尾。一般來說，你對相關的預算、市場、受眾、和管理系統有一定了解。

通常，電影劇本是一部電影的「關鍵問題」：少有電影能在劇本尚未完成或未經核可的情況下開拍。當然，這並不代表事後不會對劇本進行各種無理的修改，但電影仍會按照原本的構想、開發、劇本、製作等可預期的軌跡依序前進。

遊戲本身的用戶虛擬環境

相較之下，遊戲很少會在已經有腳本的情況下開始投入生產。事實上，我們從未聽說類似的情況。遊戲的「關鍵項目」是設計文件（在整個開發過程中會不斷修訂）。除了遊戲玩法的所有細節之外，這份設計文件通常還包含了一個故事，其內容按關卡拆解，並帶有一些簡短的角色生平說明，像是：「前美國中情局海豹突擊隊隊員哈維・斯潘的退休生活被打亂了。他的宿敵赤井田・穆罕默德死而復生，開啟恐怖的統治。」這類故事通常是一系列類型化的陳腔濫調。沒有人真的滿意，但好歹也通過了第一個「里程碑」。

好，現在你要面對一個挑戰。將斯潘拓展為一個值得關注的真實角色。定義他所處的世界。透過與首席設計師合作，支援遊戲玩法的開發，完成引人入勝的敘事並將遊戲的核心機制與角色融為一體。與關卡設計師合作，設計可在任務中做為故事錨點的橋段。為你的主角、NPC、主要對手及其成群的小兵撰寫場景和對話。然後，寫下數以千計的隨機對話。在不斷變動的環境中完成任務，一開始可能要在一週內完成三十分鐘長的劇情動畫腳本，下一週可能有一小時，再下週又變成十五分鐘。

充滿變化的遊戲開發過程

你的故事可能因為各種原因忽然改變，原因可能是以下幾種：

- 想法會自然成長變化：如同其他所有媒體一樣，想法轉變從你加入專案那一刻起就開始發生。有時是你推動這些變化，但更常是來自製作人和首席設計師的需求。他們可能會有個好理由，但也可能只是一時興起。反覆無常正是遊戲製作過程的常態。拍電影時沒人在乎劇組對劇本的看法，但遊戲開發則不同。你需要經常參與組長層級的會議，而他們每個人都有一份自己的故事筆記。儘管最後還是會出現一個明確的創意領導人，但在遊戲製程中，每個人都會提出自己的意見。
- 市面上出現了一款類似的遊戲，或者是引起你團隊的注意，都會讓他們

做出反應。

• 某人（通常是行銷主管）橫加干涉（他們忽然插手，並基於他們對專案的錯誤認知提出修改）。

• 版權方對遊戲的某些方面抱持保留態度。

• 你提出了一個大家都喜歡的想法，團隊也堅決地想在遊戲中實現它。

生動活潑的設計

　　遊戲編劇最好把設計文件當做一份願望清單，而非藍圖。它反映了首席設計師（及其代表的整個設計團隊）的最高期望和最佳意圖，但與現實之間的連結極為脆弱。我們實在想不起來有哪個專案沒經過大幅修改，腳本通常都要經過各種刪減（凡事不斷改變），總是介於平日的設計文件初稿和「最後衝刺階段」的殘酷現實（團隊正為上市前的黃金版趕工之際）中間。

　　下面這些事情都有可能在你開發遊戲的過程發生（我們根據經驗，提供一些更廣泛且精確的統整）：

• 有可能新增或移除關卡（幾乎都是移除）。

• 角色會被刪除或合併。

• 劇情動畫（敘事性的過場動畫）總是會被縮短，沒有例外。所有敘事驅動的專案都是從無盡的動畫說故事開始，而後漸漸濃縮為三十分鐘左右的敘事，其中包含一些附加的遊戲內容段落和旁白。

• 進度表崩潰。我們身處一個有大量授權行為的世界，必須考慮各種日期和時程（遊戲上市日期和電影上映日連動），開發者和發行商有時會被開發工作周期以外的玩家需求給淹沒。而對原創作品來說，行銷部門終究會大力推動產品趕在耶誕節旺季的檔期上市。

• 預算緊縮（這通常反映了發行商對專案失去信心）。

• 技術搞砸（空戰遊戲竟然不能飛行）。

- 你忽然受到「高層」關注，遊戲形象在發行商眼中快速提升，給開發者帶來各種壓力。高層忽然有了新的期望，相信只要做出三 A 級的水準，就會成為下一款熱門遊戲。
- 以上各點的排列組合。
- 你唯一能確定的事情，就是凡事不斷在變化。而在這種情況下，你又該如何在遊戲世界裡建構一個故事呢？

生來就要被刪除

撰寫電影劇本的時候，你不會接到製片人的電話說：「你的女主角被刪除了。」有可能接到電話，說你的團隊沒有爭取到某位的明星演員，但很少會有製作人告訴你重要角色被刪掉。在遊戲開發過程中，類似的事情卻總是一再發生。你會不斷接到類似上述那樣的壞消息，甚至不只一種：元素被捨棄、關卡被移除、角色被刪、功能改變了……但無論發生哪種「損害」，你的故事都必須要能復原。

你得為無可避免的情況做好準備，並在接到壞消息時準備「修復」。

我們稱之為電玩遊戲敘事「生來就要被刪除」（build it to break）理論。其核心原則如下：

- 絕對不要把故事全部建構在某個元素上，無論那是角色、地點、道具、或橋段等等。
- 寫出三個以上的主要橋段，並做好其中至少有一個不會被用到遊戲中的心理準備。
- 設計至少一個備用角色，其動機、技能、和背景故事和敘事中的次要角色相似。如果這些次要角色被刪除了，你的備用角色就可以遞補上去。
- 撰寫至少一個「通用連接」場景，確保你無論是從 A 點到 B 點、或從 A 點到 D 點（當 B 點和 C 點被刪除了）都一樣合理。例如，可以將行前任務簡報的場景設計在飛行中的直升機內，來取代直升機在降落後的額外場景。

- 將所有主要行動限制在核心角色身上。這可以大幅減少角色或關卡被刪除所造成的調整數量。

- 在設計故事初期，預先規劃好敘事中最適合「剪下貼上」的位置。一般來說，團隊在刪除需求時會徵詢你的意見，並討論如何解決問題。向他們展示如何在不影響遊戲玩法的前提下刪除兩個關卡（因為你早就想到會有這麼一天），這不僅能夠維持內容的完整性，也讓你寫下團隊的「英雄時刻」。

- 撰寫一份獨立的旁白文件，可以是內心獨白，也可以透過主要角色的角度來補充說明敘事中的主要行動。當其他方法都失敗時，一些經過深思熟慮的旁白可以彌補不少空白。

　　當你被通知修改時，通常只會得到「資源不足」或「必須刪減」這兩個理由。儘管你會對大公司有著各式各樣的抱怨，但大多數發行商其實對遊戲開發團隊賦予了相當程度的自由和權力。團隊傾向民主式的運作——而且幾乎做得太過頭。每個人都有意見，有時候搞得好像每個人的意見都得被採納一樣。

行動要項

α　建立應急計畫

　　想像一下，當你明天準備上班或上學時，你習慣的通勤路線已經陷入一片虛無，你要避免自己也陷入其中。試著規劃其他抵達目的地的方法。你需要避開什麼陷阱？替代路線需要花費多少時間？路上有沒有可能的捷徑？盡你所能寫下來。

角色（即玩家）的需求與目標

　　即使是在遊戲的某一刻，我們也和現實生活一樣有著各種需求和目標。如果你從芝加哥開車前往洛杉磯，可能需要同時具備以下條件：

- 汽油
- 食物
- 新音樂
- 提供惡劣天氣替代路線的地圖
- 你認識的某個芝加哥女孩的電話
- 一間浴室
- 一組用來穿越結冰山路的雪鏈
- 造物者對於有些地方很美、有些地方卻很醜的解釋

　　好吧，你可能不需要最後那個解釋，而你需要這些東西的緊急程度也可能有所不同。但在你能夠清點「洛杉磯之旅」的目標之前，你會需要其他一切東西。這些都是你故事的一部分，但不盡然是你想強調的內容。

　　例如，通往加油站的旅途通常不會讓人感到興奮，除非你身處「公路戰士」（Road Warrior）的世界，加油站通通成了強化據點，你得為了取得燃料而戰。同樣地，通往浴室的旅程也並不有趣，除非故事中的浴室是通往其他世界的傳送門（值得討論的是，公路戰士參加的通常是越野障礙賽）。

　　史蒂芬‧強森（Steven Johnson）在他的著作《開機：電視、電腦、電玩占據生命，怎麼辦？》（Everything Bad Is Good For You: How Today's Popular Culture Is Actually Making Us Smarter）中，將其稱為「伸縮目標」（telescoping objectives）。這表示它們是目標中的目標，有些是必要目標，有些則是可選目標（假如你儲存了足夠的彈藥，那就不必為了取得彈藥而執行危險的支線任務）。儘管編劇通常只關心遊戲中的高層次目標——在芝加哥之旅這個案例中，指的是那個女孩，以及為什麼你需要她那座山——（如果這恰好是一款形而上的摩托車之旅遊戲）造物者的解釋可能真的很重要。

歸納式故事與設計

　　除了喚醒這種心態的決心之外，還需要磨練和專業。老實說，做為一

名遊戲編劇，我們最好有能力能完成這類任務：「把這幾件事連結起來：我們的英雄角色騎著一隻鳥穿越火鷹騎士的攻勢，飛向要塞；然後寫一場戲讓主角潛入水中，並從死人手上取得鑰匙；最後再連結到一間滿是陷阱的藏寶室。」如果不能運用手邊現有的工具，與開發者和發行商透過交涉來完成這項任務，那我們根本就不該幹這行。

我們稱此方法為「歸納式遊戲製作法」（inductive game making）。我們相信，如果遊戲要成為所有酷炫事物的總和，前提是要先把酷炫的事情給做好。這並不代表你沒有計畫，只是不同於較常見的演繹式遊戲製作法（deductive game making）罷了。那種模型是你從二十個關卡的大型遊戲開始，最終只完成四個半關卡的線性遊戲。每當遊戲野心變得過大、執行過於困難、或太無聊，你就會不斷地從遊戲中刪除東西，直到最後留下遊戲的精髓為止。我們都能理解這個理論，無論它用多麼委婉的方式陳述。「我們仍然處在 135% 階段」的真正意思是「我們傾向刪除 35% 的內容」或是「我們打算精簡遊戲」。

當遊戲被斷然刪減時，總會帶來許多挫折、失望和退卻。假設今天我們妥協了，然後說道：「好吧，那我們就先設計 50% 的遊戲內容，等另外 50% 的內容在開發過程中自己出現。」於是我們有了一張具有內在靈活性的創意路線圖。我們把握機會，捨棄那些行不通的東西。我們會不斷測試並利用新興的遊戲玩法。憑藉這個方法，遊戲會變得更有趣，更出自於創作者的視角來製作，而不只是試著填滿某種遊戲類型的項目清單而已。

然而，為了公平起見，「鎖匠」必須停止某些改變。理想中，事情應該在最後一刻鎖定（也稱為凍結：凍結設計、凍結程式碼、凍結美術），而且永遠不該為了創新或利用機會而關上大門。但實務上，你在過程中愈是深入，對有趣和獨特想法的理解與可行性就會有愈多了解。以上是我們對歸納式、迭代式開發過程的論證。

07 高階設計文件

　　遊戲誕生之初，通常是從一個絕妙的點子開始。當這個點子確立，也就是與人分享的時候，而這也意味著必須建立一份可供他人查閱的設計文件。通常這份文件的第一頁就是高階設計文件（high-level design document，也稱為概念文件 concept document）。以下介紹的是我們製作高階設計文件的結構。

一頁式文件

　　一頁式文件（one-sheet），也稱為執行摘要（executive summary），放在設計文件的最開頭。你甚至會發現自己為了遊戲而單獨撰寫了一頁式文件或執行摘要。原因有很多：首先，這是向忙碌決策者推銷遊戲的好方法。其次，這也能讓所有感興趣或有意見的人看到你的願景。最後，也許最重要的是，這能迫使你去釐清遊戲核心玩法的體驗到底是什麼。

　　通常，我們會從編寫說明文件開始。如果你能做到，並把其中的想法傳達給其他人，那說明你的設計應該是滿可靠的。在製作初期，隨著時間

推移和文件逐步詳細，你會遇到愈來愈多「想法的飄移」（一頁式文件的長度可能會介於一到五頁之間，去搞清楚吧）。

接下來先試著撰寫一頁式文件，其中要有的元素如下：

標題

遊戲的標題。如果你還沒確定標題，最好加上括號（暫定標題）。花點時間認真思考，因為標題代表的是你的開場白。它應該要讓人印象深刻，並與遊戲的主題、行動、角色、或類型相關。取個好名字就能讓你的遊戲大賣嗎？當然不夠。但它有兩個重要作用：在你的受眾腦中建立對你遊戲標題（即遊戲創意）的印象，以及吸引他們閱讀你的文件。

類型

常見的遊戲類型有第一人稱射擊、第三人稱動作、匿蹤、RPG、模擬（駕駛、飛行等等）、生存／恐怖、即時戰略、跳台、和運動遊戲等等。偶爾，你的遊戲會包含兩種以上類型的元素，稱為混合類型，以符合對遊戲類型的設想。列出類型很重要，就像電影製作一樣，因為開發者經常需要填補空白，而他們通常會尋找相同類型的遊戲或玩法來當做參考。

版本

我們通常會在文件上標註版本編號，而非日期。為什麼呢？因為任何標註了日期的東西都有保存期限。如果你在一月完成了一份文件，五月送交發行商審閱，決策者閱讀的時候就不會覺得自己是在看一份新鮮的文件。這也意味著自專案啟動以來花費了不少時間。你只需要編配一個版本編號，就能持續追蹤文件的進度。確保主管拿到最新版的草稿，但同時不要讓他們注意到你在這裡花了多少時間。記住，每個人都喜歡當第一個看到新想法的人，更喜歡聽到「這是剛出爐」的說法。別在文件裡加入任何會讓它看起來老舊的東西。注意：此原則也適用於你文件中的「頁首或頁

尾」標示。

大概念

大概念（Big Idea）是用來簡單介紹你的內容（故事、角色、遊戲世界）和遊戲玩法。利用一到兩段的篇幅來描述遊戲體驗的本質。

類別

類別與類型相似，你可以列出一些遊戲，並與你的遊戲相互比較。你可能會說：「遊戲 X（你的遊戲）有著獨特的體驗，結合了遊戲 Y 的明快節奏與遊戲 Z 的開放環境世界。」

如果你有獨特遊戲玩法或內容的「鉤子」，請在此展示出來。

另外，你的遊戲是單人遊戲、多人遊戲（區域網路、網際網路、無線或有線網路）、合作遊戲或其他？如果是單人遊戲，遊戲中有沒有「戰役」（一系列任務或關卡，其敘事情節可能會隨著玩家的進度而發展）？如果是的話，在此簡要說明，並與同類競品做個比較。

最後，絕對不要為了抬高自己的遊戲而貶低其他遊戲。只要進行優點比較即可，不要做缺點比較。選擇市面上的成功遊戲。原因很明顯，你不會想把你的遊戲和其他失敗的遊戲相提並論，儘管我們一直默默注意。

平台

列出你遊戲的目標平台（PS3、Xbox 360、Nintendo DS、PC 等等）。注意，每當你列出遊戲的潛在平台時，都需要說明發布在該平台的重要性。有些遊戲比其他遊戲更適合跨平台。如果你的遊戲確實只對單一平台進行優化，請直接表明並闡述原因。

授權

如果你的遊戲是基於其他 IP（電影、書籍、漫畫等）的衍生作品，請

在此說明。另外，如果遊戲正在使用授權（例如可識別的品牌），也請說明。最後，如果這是原創 IP，簡單解釋它為什麼可以成為授權商品（鋪開做為系列作品的基礎）。別忘了，你的讀者尋找的不單只是一筆交易。試想看看，你的遊戲可以不只是一款遊戲。

遊戲機制

這是遊戲的核心玩法和控制。例如，在駕駛模擬遊戲中，開車就是遊戲機制。但除此之外，還可以附加其他的獨特元素，比如車禍、車輛升級、或開車撞人。遊戲機制描述玩家與遊戲體驗的互動，及其吸引力和樂趣之所在。

技術

撰寫一份摘要，列出你計畫在遊戲中採用的技術。如果你採用中介軟體（middleware，譯注：連接系統軟體和應用軟體，溝通軟體各部件的軟體），列出其將使用的引擎和工具。如果使用的引擎是專屬軟體（proprietary software，譯注：相對於自由軟體，在使用和修改上有限制的軟體），列出其主要功能。請注意，技術團隊必須提供一份獨立的文件，詳細說明遊戲中使用的技術（通常稱為 TDR：技術設計審查）。雖然你應該要對技術有個準確的描述，說明其做為遊戲最佳執行方案的原因，但對於文件的這一部分，你不必太過擔心。

目標受眾

預期誰會玩這款遊戲？為什麼？你可以描述特定的受眾特徵，但描述玩家類型會更有幫助。

主要特色——獨特賣點

獨特賣點（unique selling point，USP）這部分列出的是遊戲與眾不同

的關鍵元素，將其視為可以在遊戲盒背面列出的遊戲特點。確保你有四到六個特點。如果需要的話，你可以在文件後面詳細介紹。現在，你來到了最高點。

行銷摘要

這是一份簡短的清單，說明這款遊戲會比市場上其他遊戲更出色的原因。另外，要考量清楚什麼是會讓行銷人員興奮的「鉤子」。因為他們在開發初期（幾乎比任何人都早）就能確定專案的可行性。如果行銷人員認定你的遊戲無法銷售，那無論你多具開創性，無論有多少發行商支持你，無論你的主要角色有多酷……都不重要了。只要行銷反對，你就死定了。

描述玩家會如何控制遊戲並向前推進。遊戲是「快打」的嗎？它是不是基於一套需要花費時間學習的連擊系統？有沒有技能等級？有沒有多種遊戲模式？像是射擊或駕駛？有任何小遊戲嗎？有儲物系統嗎？主角可以「升級」嗎？諸如此類的介紹。

這部分類似於大概念，請簡單描述遊戲的核心機制。

行動要項

β

執行摘要

為你設計的遊戲撰寫一份執行摘要。

高階設計文件

現在進入文件設計的重頭戲了。在此之前的所有內容，長度都不應超過三到五頁（並將其與文件的其餘部分分開，以便在有需要時從高階設計文件中獨立出來）。當我們完成一頁式文件後，就要開始著手填滿細節，並提供我們想要設計的遊戲願景。

產品概述

重新介紹遊戲的核心概念，這次請充實內容。如果你的遊戲有主要角色，也是時候開始填寫他們的詳細資訊了。

核心概念

描述遊戲的主要元素，涵蓋下列與遊戲有關的所有內容，但暫時不詳細說明（稍後再說）。在此說明這些元素如何融入更宏大的遊戲體驗之中：

- 角色（包含玩家角色）
- 遊戲世界
- 遊戲玩法
- 戰鬥
- 肉搏
- 武器
- 移動
- 互動
- 載具
- 故事
- 寫實或奇幻（虛構）
- 控制

玩家角色

詳細描述玩家角色，及其在遊戲中的旅程。請注意，如果玩家可以控制一個以上的角色，請在此一個個描述。你希望玩家與其角色之間的關係如何？你預計如何實現此目標？

遊戲玩法的敘事描述，又稱為「引子」

在這部分，選擇一個遊戲中的橋段，並且用說故事的方式來描述它。

通常我們會將玩家控制的行為標為不同的字體，或以粗體標示，以強調玩家在螢幕中看見了什麼。你要傳達的是遊戲互動／反應的動態（原因／效果），及其如何在螢幕中表現出來。

引子，也稱做「鉤子」，意思就是勾住或吸引受眾想像力的事物，也就是遊戲中最酷炫的元素或情節。想清楚該如何利用引子吸引玩家，讓他們欲罷不能。

行動要項

β

設計引子

為你的遊戲撰寫一段引子。

故事

介紹故事的大致節奏，以及這段故事會如何融入遊戲的核心玩法之中。同時，要詳細說明這段故事如何強化玩家的遊戲體驗。不需在此深究懸念的部分。

介面

玩家透過介面才能與遊戲體驗產生互動。描述介面的元素：介面是否直觀易用？

挑戰

列出玩家通關前必須克服的主要挑戰，包括且不限於下列幾項：

- 敵人（惡棍、砲灰、小魔王、關卡魔王、大魔王等等）
- 環境阻礙
- 腳本事件（譯注：此處的腳本指的是程式腳本，而非劇情腳本）
- 解謎

互動

說明玩家如何與遊戲互動以提升遊戲體驗：

- NPC（對話、控制等）
- 遊戲世界（探索、操作）
- 武器（戰鬥）
- 裝備（和一些配件）

關卡攻略

引導讀者進入遊戲中的一個關卡，描述其中所有的關鍵行動及互動事件。玩家會體驗到什麼？如何結合遊戲玩法與故事？

行動要項

β　關卡攻略

　　盡你所能撰寫一篇關卡攻略。可以為你打算製作的遊戲而寫，也可以選擇你喜歡的現成遊戲。視情況添加細節，但盡可能將篇幅保持在三頁以下。

開場動畫（如果適用）

介紹遊戲的開場動畫，無論這段動畫接下來是進入遊戲的開頭部分，還是前端畫面。

遊戲殼層（前端畫面）

詳細說明遊戲殼層（開始畫面、載入畫面）：

- 選項──列出玩家可用的選項（寬螢幕、聲音、自動存檔等等）。
- 讀取／儲存──描述遊戲存讀檔的細節。

控制器的設定

這裡指的是按鈕設定（將控制器上的按鈕設定為遊戲中的特定功能）。請注意，通常這會在遊戲開發過程中不斷變化，因此你只需要列出建議控制按鍵的最佳版本即可（大家都知道這會改動，但如果你正在考慮太過複雜的互動操作，控制器設定能清楚地展現一個事實：要是你沒辦法把它設定好，那其實你也沒辦法玩這個遊戲）。此外，如果玩家可以自定義按鍵，也要在此處詳細說明。

角色行動

列出可操作角色的可執行操作。

- 移動：說明你如何控制角色移動。
- 使用物件：列出你與物件之間的互動行為。
- 角色互動：說明你與其他角色之間的互動。
- 戰鬥說明：盡可能準確地列出遊戲中有關戰鬥的元素和行為。
- 肉搏行動：如果遊戲中包含肉搏行為，在此列出所有相關行為。
- 武器：列出你可以使用的主要武器。
- 其他可控制項目：諸如在載具內戰鬥的項目。如果這是你的主要玩法，那就要首先列出來。

探索

描述玩家如何穿越遊戲世界：

- 線性或自由探索
- 通過關卡
- 推進故事
- 操作
- 使用／拿取物件（道具）
- 設定觸發器

介面

這是遊戲中使用者介面的描述：

- 元件
- 儲物系統
- 道具
- 武器

對角色的直接影響

描述玩家在遊戲中會如何利用、維持、收集、或失去生命值。此外，如果有一些可以增強玩家威力的增強道具，在此說明其運作方式：

- 生命值
- 損害
- 護甲
- 補充生命值和護甲
- 角色死亡
- 威力增強道具

關卡

在文件的這部分，開列一份遊戲中的關卡清單。包括玩家如何從一個關卡推進到下一個關卡。通常，關卡數量直接反應了遊戲的大小／規模（野心）。按照你描述的進度表和預算，在現實情況中盡可能做到：

- 關卡說明
- 關鍵敵人、每個關卡的 NPC
- 故事元素

美術

如果可以的話，在此處貼上概念圖，包括：

- 角色設計
- 關卡地圖
- 武器／道具概念設計
- 遊戲世界概念設計
- 紋理貼圖範例
- 介面範例
- 前端畫面（遊戲殼層）範例
- 動畫分鏡表

過場動畫及故事簡介
包含遊戲主要敘事的拆解細項：

- 遊戲內（即時）動畫
- 可能的預渲染動畫
- 隨機的（遊戲內）對話
- 取決於故事內容的事件觸發器

聲音
盡可能詳述遊戲中的聲音需求：

- 角色音效
- 敵人／ NPC 音效
- 杜比數位 5.1 聲道
- 音樂
- 遊戲中使用的串流音頻
- 使用音樂和音效以引導情緒
- 授權或原創作曲
- 人聲錄音（配音）場次，及替身（角色的理想演員）的願望清單

開發摘要

可能的話，在此總結開發遊戲所需的流程，包括：

- 初步進度表
- 預算
- 工程採購及進度表
- （核心成員的）個人生平及履歷
- 風險問答（一份預期讀者及決策者最有可能提出的問答列表）

在地化

這是針對其他市場優化遊戲的過程。說明遊戲進行在地化（localization）的複雜（或簡單）程度，包括：

- 總覽
- 語言
- 文本
- 語音（完全在地化）

結論

這是你最後一次推銷遊戲的機會，說明這款遊戲非做不可的理由。

希望這能讓你了解實現夢想並呈現一款電玩遊戲必要的所有元素和計畫。接下來，我們將更具體介紹進入遊戲腳本的步驟。

行動要項

G 撰寫你自己的高階設計文件

利用上面介紹的格式，撰寫屬於你自己的高階設計文件。盡可能詳細地填寫資訊。如果無法確定某個項目的話，請直接留白。在過程中請留意並思考，你想創造的東西是否與遊戲中的元素一致。

08 系列作品的遊戲產權

以系列作品的角度來思考

任何有野心的娛樂 IP 創作者都希望自己的作品能夠歷久不衰。雖然並不是每個人都能創作出像《星際大戰》或《最後一戰》（Halo）這樣的作品，但系列作品確實有其特定的元素和特質。將每款遊戲都視為有潛力的系列作品來思考，對你會有所助益，因為遊戲發行商就是這麼做的。當故事與遊戲設計的核心細節交會時（兩者是平順合併還是直接對撞則取決於你），你為 IP 要開發成較大系列作所設計的種種元素才能夠真正發揮效用。

思考你遊戲中的獨特想法，以及該如何在遊戲玩法和故事之外將其表達出來。舉例來說，如果你的吸血鬼獵人利用「心臟追蹤器」和「聖水中樞」製造了一種驚人的酷炫子彈，那最好在遊戲中明確告訴玩家。這是一段可做為你遊戲裡「Q 先生」（詹姆士龐德的道具發明家）的對話範例：「你會愛死這批白銀特調……填滿聖水的純銀子彈。這玩意兒真的很貴，你得確定能一擊必殺的時候再使用。」

現在，你獨特的彈藥已經成為該系列作品的元件之一。你可以設想它

如何在各個 IP 間輕易轉化。其他角色可以打造屬於他們自己的彈藥，以對抗各式各樣的生物和怪物，甚至是對抗你。身為玩家，你可以運用收集來或賺來的原料製作自己的彈藥，將有趣的想法轉換為核心的玩法特色。再仔細想想這如何成為一個系列作品：一款你可以自行訂製武器彈藥的遊戲，無論是爆裂彈、毒藥、範圍、精準度、威力、燃燒彈、魔法、或任何能辨識出你做為射手的獨特槍械。一個簡單的創意化為系列作品的基石。你的遊戲正從射擊遊戲進階到更高的層次。

這是打造系列作品 IP 的核心。你不一定要從全新的事物著手。反之，你要以獨到的眼光重新審視原先熟悉的事物。持劍戰鬥這個概念在娛樂產業已經行之有年，但說到「光劍決鬥」的話，你只會想到某個系列作品。

對你產權的影響

通常，發行商和開發者都會被細節給淹沒。因為急著讓專案持續進行，他們沒有足夠的時間去思考系列作品的問題。經典案例如下：我們正在製作一個以賞金獵人為主角的專案。我們都知道賞金獵人怎麼工作，他們為了錢而前往狩獵其他人（或某些寶藏），算是某種形式的傭兵。他這麼做並不是為了意識形態，但儘管在傭兵故事中，角色陷入困境仍是常見的角色轉變手法，就像《星際大戰》中的韓索羅（Han Solo）一樣。我們暫且將角色視為一個典型的賞金獵人。對遊戲設計來說，這意味著什麼？

首先，如果玩家是為了賺錢而工作，那最直觀的含意就是：金錢在遊戲中具有一定重要性。也就是說，故事中必然包含了經濟體系。他得用手頭上的金錢來買東西。這也連帶帶出了其他許多東西。他需要有個可以花錢的地方，也需要有人願意付他錢。並且創造了更深層次的含意，他必須以具有成本效益的方式來操作。畢竟賞金獵人（就算是突變獸人突擊隊的賞金獵人）無論從哪個角度來看都是一個商人。他會希望能以最具成本效益的方式完成任務。

休士頓，我們有麻煩了！

經濟的問題在於它涉及了深遠的美術、程式、和設計問題。你需要有可以買賣的東西和場所，甚至可能會有債務問題（這可能導致有趣卻難以預料的任務，以及非常有趣又複雜的世界）。

但要是開發團隊沒想到這點的話怎麼辦？在現實世界中，這經常發生在我們身上。通常你會得到類似這樣的答覆：「我們沒有足夠資源來建立經濟體系。」對工程師來說，這似乎是可以接受的答案。但對說故事的人來說，這似乎從根本上違反了獎金獵人遊戲的慣例。於是你必須高聲呼籲，要將明顯屬於這個遊戲類型該有的元素給設計出來。

在不違背系列作品的情況下建立解決方案

如果你找不到其他解決方案，那就思考一下關於系列作品的另一個方向：他不是賞金獵人；他是個簽訂契約的傭兵，試圖擺脫某種抽象的債務。這個版本的另一個負面說法是，他出獄後殺了四十個人，才因此重獲自由。如果他失敗了，遙控器或某個類似的裝置將會終結他。在這種情況下，開發者不需要將資源投入到經濟體系中，但他們必須改變系列作品的走向。

解決方案五花八門，但無論你怎麼克服這一切，你還是要學會在當下，還有在遇到問題時再次提出警告。對話的開頭可能是這樣：「你看，我覺得我們應該處理一下這個問題。我想這是可以解決的問題，而且還滿重要的。」列出問題和可能的解決方案，然後開始工作。

別忘了，如果你能在一開始就規劃好系列作品，那麼對於統一願景、整合遊戲玩法與故事，以及避免潛在陷阱來說就會容易得多。因為系列作品一旦被定型，變更和修改的阻力只會有增無減。如果你的遊戲玩法或故事與系列作品的元素不符，那你將遇到一些困難。

α 系列作品的基本元素

選擇一款你最喜愛的遊戲，想想該作品的系列中有什麼不可或缺的基本元素。以《潛龍諜影》（Metal Gear Solid）系列為例，取消潛行，遊戲還能夠存在嗎？

系列作品中的元素

催化系列作品誕生的 IP 背後通常都有一個很大的創意。雖然不是什麼靈丹妙藥或公式，但這是我們撰寫系列作品腳本時採取的措施；我們認為有四個主要原則，必須牢記於心（前面已經提過，但重新複習一遍）。依序是：

- **主題**：這個故事的背後原因是什麼？以《星際大戰》為例，原因是兒子在追尋愛、認同與尊重的過程中，不願辜負他素未謀面的父親。這個主題聽起來比「權力腐敗」（原片之後的下一部）更為強烈。

- **角色**：系列作品的角色定義明確。人們可以理解、同理並定位此一類型的主角；反派則相反。比如，《魔鬼終結者》（The Terminator）的莎拉‧康納（Sara Conner）知道自己是兒子的聖母瑪麗亞。她肩負著世界的重擔，我們也因此理解她為什麼願意一路走到這麼遠。

- **調性**：何謂調性？光明、黑暗、寫實、奇幻、率直、喜劇。這應該很容易定義。誠如我們的朋友法蘭克‧米勒（Frank Miller，編按：美國漫畫家、電影導演、編劇，主要作品包括《蝙蝠俠：黑騎士再現》、《蝙蝠俠：第一年》、《夜魔俠：重生》、《300 壯士：斯巴達的逆襲》等）在《萬惡城市》（Sin City）中所說的：「人們在萬惡城市中大量殺戮。」

- **遊戲世界**：地點具有其獨特的意義，將故事錨定於超越角色之外的後設現實（meta-reality）當中。它影響了外觀和感受。例如《明日世界》（Sky Captain and the World of Tomorrow）就提供了三〇年代復古加上未來主義

風格的樣貌。

　　創作系列作品需要考慮的另一件事，就是當事情脫離正軌時會發生什麼情況。下面舉幾個簡單的例子：

- 《駭客任務》（The Matrix）續集：他們花在廢棄世界的時間比令人興奮的偽現實拜物酷炫世界還要久。槍，到處都是槍。人們跑過牆壁，從高樓頂部跳往另一幢高樓，尼歐（Neo）可以在「子彈時間」裡看清楚所有的事物。這一切實在太性感了。然後他們開始解釋我們毫不感興趣的世界，多數時候都讓我們停留在那裡。如果沒有要把它放到電影海報上（尼歐穿著破舊的運動衫），那幹麼把它當做電影的重點？電影暗示了大家想看到的故事（尼歐運用他新獲得的力量來控制「現實」，並喚醒其他重要人物與機械作戰），卻沒有真正演出來。
- 《星際大戰》的恰恰‧冰克斯（Jar-Jar Binks）：他為什麼這麼討人厭？因為他引入了該系列先前從不存在的調性。喜劇插曲應該屬於 R2-D2 和 C3PO 的職責範圍。這是所有觀眾想在這個系列中看到的。但恰恰的出現則讓人懷疑創作者並沒有認真處理這個 IP。
- 《八爪女》（Octopussy）中的詹姆士龐德：羅傑‧摩爾（Roger Moore，該死的 007 ！）穿著小丑裝。經典的龐德調性元素都被這憋腳的玩笑給毀了。

行動要項

違背系列作品精神

　　當角色、遊戲世界、調性、和主題放在一起並和諧運作時，就能建立神話。敲定以後，你可以考慮最好的利用方式。
以上述範例為例，寫下你喜愛的遊戲或電影系列作品被違背的時刻。
記住，這不一定是壞事；其實還是需要保持系列作品的新鮮度。

系列作品的實踐

在我們試著將《不可能的任務》（Mission Impossible）改編為遊戲時，確實學到了關於系列作品靈活性（或缺乏靈活性）的經驗。好的方面是，我們收到了以下的任務宣言：

我們（選擇接受）的任務是創作一款面向大眾市場的緊湊型遊戲，並且在充分利用《不可能的任務》授權（提示主題曲）的情況下如期上市。

如果要面向大眾市場的話，我們知道遊戲要能被輕鬆掌握和進行。目標是在無須外在幫助（攻略本、玩家線上交流、同學間的閒談等等）的情況下達到高完成度的目標。我們並不著重於重複玩遊戲和多變玩法，而是要營造出色的單人遊戲體驗。我們希望打造一條極限的學習坡道，並採用「邊玩邊學」的策略。換句話說，就是一個偽裝良好的訓練關卡。

在《不可能的任務》（電影而非電視影集）中，我們判斷伊森‧韓特（Ethan Hunt）是個間諜，他不像固蛇（Solid Snake，編按：潛龍諜影〔Metal Gear Solid〕遊戲系列中的虛構人物）是個突擊隊員。這是兩者重要的區別。韓特（大多數時候）會打扮成他當下所處環境的居民樣貌，這既是他經常偽裝並攜帶偽裝工具，也是他資源有限的原因。韓特的技術是匿蹤和互動，他不會隨身攜帶未消音的槍械，除非環境中的其他人都這麼做；或是當任務失敗，致使他需要轉為突擊隊模式。在這種情況下，應抓住機會並巧妙地獲取武器。

為市場寫作

不管開發任何遊戲，你都應該仔細考慮目標玩家和目標買家。這兩種人未必相同。

假設你被分配到一款名為《軟軟》（The Squishies）的遊戲，它是基於一檔非常流行的學齡前節目……沒錯，那節目就叫《軟軟》。這顯然會

是一款全年齡取向的遊戲，其中所有內容都應針對市場的核心而調整成適合學齡前兒童的內容。這代表什麼？你的主要市場會是家長。也就是說，你要做的是一款賣給家長、但給小孩玩的遊戲。在設計和撰寫遊戲時，你必須確認市場的需求。

家長這個市場很棘手。一方面來說，他們希望遊戲就算不營養，至少也不能有害。他們可能也希望遊戲能夠充當保母的角色，這意味著大量的遊戲時間。最重要的是，他們希望孩子會喜歡這款遊戲，因為他們想確定自己的娛樂預算花得有價值。

現在，想想你的玩家。學齡前兒童想在遊戲中獲得什麼？他們可以控制自己喜歡的角色嗎？他們能跟著演出唱唱跳跳嗎？他們能理解遊戲玩法的核心機制嗎？哪個平台最適合他們？

當你深入開發流程時，通常反而會錯過這類明顯的觀察結果。為什麼呢？因為這是人類的天性，我們都傾向於滿足自己的興趣；團隊會做出他們自己喜歡玩的遊戲。但遊戲設計師並不是學齡前兒童。因此，他們必須調整自己的興趣，以適應學齡前兒童的喜好。

這是一門技藝，如果受眾是你不熟悉的族群（例如家長），就得想辦法掌握他們的想法。你必須寫出某部分的自己，但那不一定得是現在的你。

系列作品及其創作者

最受歡迎的媒體產品僅由一人負責創作、傳播、放大聲量並實現其願景，這類情況並不少見。看看史上最偉大的娛樂IP：荷馬（Homer）寫下了《奧德賽》（Odyssey）；喬治・盧卡斯（George Lucas）是《星際大戰》之主；伊恩・佛萊明（Ian Fleming）創造了詹姆士・龐德。華特・迪士尼（Walt Disney）創造了米老鼠；鮑勃・凱恩（Bob Kane）為我們帶來了《蝙蝠俠》。好吧，西格爾和舒斯特兩個人共同創作《超人》；歐普拉・溫芙蕾（Oprah Winfrey）則只有一個人，她就是她自己的產品。

喬治・盧卡斯本身並沒有創造神話，事實上，他深刻理解了約瑟夫・坎伯（Joseph Campbell）的「神話」研究，進而完成了《星際大戰》的故事基礎。盧卡斯也並非獨力實現自己的願景。在他的腳本幫助下，才華洋溢的演員們賦予角色生命。特效奇才約翰・戴克斯特拉（John Dykstra）讓飛船飛了起來。所有參與者都提供了至關重要、甚至是不可或缺的東西。但歸根究柢，所有的貢獻都是為了盧卡斯的單一願景而服務。

　　華特・迪士尼有沒有資格在他自己的公司裡擔任動畫師，這一直是個備受爭議的問題（烏布・伊沃克斯〔USB Iwerks〕是他一開始依靠的伙伴）。不過沒關係，《汽船威利號》（Steamboat Willie，又被稱做「米老鼠」）會永遠被視為華特的創作。

　　比起法蘭克・米勒（Frank Miller）的《蝙蝠俠：黑暗騎士歸來》（The Dark Knight Returns），鮑勃・凱恩的原版《蝙蝠俠》則顯得單薄許多。但在短短的數頁之中，凱恩已建立起系列作品中所有的重要元素。四格漫畫中，年輕的布魯斯透過顯微鏡觀察事物、做雙槓運動等畫面已深植於作家腦中，成為系列作品的根本所在。

　　而同樣的概念也適用於龐德駕著奧斯頓・馬丁（Aston Martin）、勾引普茜・嘉蘿爾（Pussy Galore）、脫下潛水服露出他的燕尾服、在紙牌遊戲中羞辱反派、運用Q先生發明的道具、或說出經典台詞「搖勻，不要攪拌」（Shaken, not stirred）和「龐德、詹姆士・龐德」（Bond, James Bond）的時候。這些系列作品的標記已融入了文化之中。

　　這種熟悉感並不是在電子時代才發明出來。看一下這些東西：貝克街221號B、菸斗、獵鹿帽、千鳥格外套、華生醫生、煤氣燈、雙輪馬車、手杖、放大鏡。任何一樣物品都有可能讓你心頭閃過夏洛克・福爾摩斯這個名字。儘管我們可以整天爭論作者亞瑟・柯南道爾是否對福爾摩斯負責，或他的大學教授是不是他的靈感原型，無可否認的是，柯南・道爾的名字貫串了福爾摩斯全書。儘管他並未發明上述提及的任何一樣標記，也不是第一位寫下邏輯推理的作家，他還是成功地融合了這些素材，讓一百三十

年後的我們仍能為此共鳴。

接下來，我們把它放在電玩的情境裡。想像一下，如果在開發會議上爭論象徵福爾摩斯的標記，最後可能會得到一根玉米菸斗、一頂高帽、使用歸納推理、騎乘一匹名為辛巴達的阿拉伯戰馬、還有平時以打鼓為休閒，而不是小提琴。這些改變會毀了這個角色嗎？這是見仁見智的問題。考量到福爾摩斯已經被各種媒體改編、翻譯也幾乎遍及各國語言，包括好幾款電玩遊戲，很難爭論福爾摩斯這個角色還會更上一層樓了。

詹姆士龐德在改編成電影時無疑發生了很大的變化。那些道具、女角、我們在電影中看到的效果，都與龐德成功的一面有關。與此同時，當你檢視龐德系列作品的核心時，就會發現從一開始，伊恩‧佛萊明的點子就一直在那裡。

上述討論的重點並不是為了歌頌創作者，而是討論出所有團隊成員都能工作的環境。

不是每個人都能成為創作者。如果這是一款取得 IP 授權的遊戲，原作者很有可能已經過世，並由一個「品牌保證團隊」來管理 IP 的未來創意願景。如果是原創 IP 的話，原作者可能就在開發團隊之中，團隊需要了解他們正在執行原作者的願景。那個提出願景的人最好要有一定程度的創意控管。叼著玉米菸斗衝進來的行銷人員可能帶來的破壞，遠遠超出你的想像。

09 進入創意流程

　　稱之為創意流程（process）而非創意行為（act），是有其原因的。無論哪種媒體，那些富有想像力、啟發性、和創造力的娛樂內容很少憑空出現。相反地，這過程就像是……你在遠遠的地平線外感覺到它，然後開始觀察、思考，直到風暴逐漸成形，你才發覺自己已經深陷其中。而後當創意靈光一閃時，也就沒什麼好奇怪的了。事實上，這一切都在意料之中。

生成創意

　　身為編劇，我們每個人都有自己的風格和創意形成與實踐的流程。本書兩位作者之一的弗林像是一名長跑健將，他每天調整自己的步調並堅持寫作。他的工作過程是由紀律和結構組成。弗林還是一台終極多工處理器，對許多專案提出有效且具創造性的想法。約翰則是短跑選手，在混沌能量爆發時間歇寫作（我們的朋友，《機器戰警》〔Robocop〕和《星艦戰將》〔Starship Troopers〕的編劇愛德華·諾伊邁爾〔Ed Neumeier〕說那叫做「狂熱寫作」，多完美的描述啊！）想法先在腦中醞釀好幾天，然後

創意會突然間沸騰。約翰傾向將他的藝術能量傾注在同一個專案上。

我們兩人的合作編劇模式能夠發揮作用的一個重點是：彼此在創作過程中採取了相反但是互補的方法。儘管我們分別以不同的方式前往終點線，卻總是能夠同時抵達。我們有著適合自己的創作節奏。靈感經過細心培養後才會蓬勃生長，因此本章將帶你探索屬於你自己的創意流程。

重點是要注意，所有編劇都有自己獨特的藝術創作方法。但身為專業人士，我們的工作是確保無論何種方式，最終的劇本和（或）設計都會讓人興奮並帶來娛樂。如果你選擇當一位自由工作者，還有另一層負擔：不會有人因為你現身、因為你總是準時、因為你主動泡一壺新鮮的咖啡、保持小房間整潔、在總機生病時代接電話、在星期五帶貝果請大家吃、因為你幫忙修理了影印機、或因為你周末進公司加班這種種事情，而獲得薪水或稱讚。

那些都不會發生，你只會因為按時交付標的而獲得報酬。就是這樣！你的生計取決於你的專業能力。如果做不到的話，你的職業生涯將會非常短暫而痛苦。

為了確保你能在截稿前交付高品質的內容，你需要找到發揮創造力的方法。也就是說，你需要一套可以讓你生產並探索創意的方法。

每個人都有創意，但職業編劇的工作是要開發它們、構造它們、形塑它們以適應你手頭上的專案，而最終以清晰且富有情感的方式記錄它們並與他人溝通。寫作是創意的有形表達。就像那句諺語「錢愈多愈好，人愈瘦愈美。」說的，編劇的創意當然也是愈多愈好。

記錄並挖掘創意

寫日記

對於寫日記，我倆各自有不同的感受。約翰並不寫日記，而弗林特則堅持每天寫日記。他的日記就像一座垃圾場，囊括半成熟的想法、一天所做

工作清單，以及任何有趣時刻的記述。這是一座發展了數十年的寫作倉庫。對弗林來說，每天寫日記就像是開始寫作前的熱身運動，有如運動前拉筋一樣。弗林規定自己每天只花二十分鐘寫日記。日記的真正價值在於它是一座庇護所，保存了對專案及當中參與者的想法。這不僅是整理想法的一方天地，更可以在此自由形塑創意。有許多維持寫日記習慣的好理由：

• 透過寫日記熱身來喚醒你一整天的寫作能量。

• 透過自我要求的每日作業來建立「寫作紀律」。

• 在這座庇護所中發洩挫折，意味著你不會把挫折帶進專案和作品中。

• 記錄任何有用的觀察結果。

• 隨機創意的儲藏室，無論是角色、劇情、對話等等都可以放在這裡待用。

　　如果你雜亂的日記中記下了什麼有用的好東西，你可以將它剪下貼上到文件中，約翰因此稱之為「創意礦脈」（idea mine）。

行動要項

β

啟用日記

　　啟用一本個人日記，每天花二十分鐘撰寫，為期一週。別忘了這份文檔只有你自己能看到，因此不用擔心它不夠完美。拼錯字、句子斷斷續續、連結想法、或將它們全部揉合成有趣的無稽之談。每天至少寫下三件事：你對今天要完成的創意設計有什麼感受；具有藝術價值的觀察；你對遊戲玩法或故事的想法，不管那有多麼不成熟。無論你選擇寫些什麼，規定自己要在二十分鐘內完成，不能超時。讓自己承受時間壓力。當寫日記的二十分鐘結束時，問問自己：「我還有什麼想寫的嗎？還想加些什麼嗎？還想填入什麼細節嗎？我在思考明天要寫什麼嗎？」如果其中某一題你回答了「是」，那很好，維持並培養寫日記的行為，就是在喚醒你的創造力。試著把它變成你的生活習慣吧。

創意礦脈

儘管約翰是不寫日記的人，但他確實也保留了他的創意礦脈。這是他用來儲存有趣、有價值想法或觀察發現的地方。他在電腦中新增了一個獨立的文件夾，收藏他不斷加進的文件。例如，約翰可能有個關於動作情節的想法，但與目前的故事毫無關係。沒關係，它已經被好好記下並保存在創意礦脈中了。又或者，他偶然在超市聽到其他人獨特的說話模式——他們說話的方式，可能是口音，或引起他注意的語詞變化，也被記錄了下來，保存在礦脈中。

一段時間後，整個專案——雜亂無章但充滿金燦燦的小碎塊——開始發展了。待時機成熟，就可以「開採」這些黃金（因此才說是礦脈），來填補進行中專案的空缺。我們腳本中的許多角色都是誕生於此。

試試看建立屬於你自己的創意礦脈：

• 建立一系列可以運用在工作中的庫存角色、故事橋段、地點和對話。

• 規劃一個區域，讓你可在把新鮮的想法快速記錄下來，不要因為它與當前專案無關就丟棄。

• 練習你的觀察技巧。

行動要項

β

撰寫五個角色的研究報告

這是一個練習，在附近的咖啡館、書店或速食店有意識地觀察五個人。思考他們的行為，聆聽他們說話的方式，觀察衣著、儀態以及他們如何與外界互動。別讓目標對象發現你在觀察他們，或者，如果你認為自己可能會被發現的話，穿一件大風衣並不斷咳嗽來偽裝自己。現在將你的觀察結果牢記於心，並全部記錄下來。寫一篇有好幾個段落的角色研究報告。盡可能多寫一些細節，然後加上其他部分，想像他們的背景故事。最後，寫下你為什麼注意到他們的理由。你的創意礦脈中有五個角色站在甲板上，等待著下一段故事開始。每一到兩週重複一次，很快地，你在創作故事時就會擁有自己獨特的演員表了。

- 恢復你對特定事件的記憶，你可能會在某天發現寫日記這件事具有創造性的用途。
- 設置一個沒有任何壓力的創意沙盒（creative sandbox），你可以在此確定場景、角色、對話或概念設計，可以自由嘗試，也可以測試同樣素材的不同組合，失敗也無所謂，畢竟這是零風險的環境。

　　最後還有一個忠告：不要過度整理你的創意礦脈。許多想法在一片混沌中相互碰撞的隨機與大雜燴性質，正是它會成功的部分原因。奇怪的並列往往會激發靈感，否則很容易被結構壓垮。

記錄或弄丟

　　關鍵是，無論你怎麼做，是弗林有結構紀律的方式，還是約翰偏好的自由形式與靈感降臨都好，編劇必須是敏銳的外部變化觀察者，也要是內在對話的速記員。當你想到或見到某些具有「故事價值」的事物時，必須先辨識出它們，才能加以記錄。如果你想到一個好點子或觀察到某件驚人的事情，沒有什麼會比你因為沒有紙筆記錄下來而忘記還要更糟的事。

記錄玩遊戲日記

　　如果你長期參與其中，請在玩遊戲的時候開始寫日記。寫下你喜歡什麼，不喜歡什麼。每次啟動專案時都要參考日記。試著即時捕捉正在發生的當下，稍後再回頭進行分析。像是：「我過不了這個匿蹤的嘔吐怪。真是氣死我了。」聽起來好像很笨，但如果你記錄下來，未來它將非常具有啟發性。你是因為打不過那隻匿蹤嘔吐怪而退出遊戲？還是在幹掉它以後瞬間感到人生的美好？你是什麼時候被這款遊戲給吸引的？稍後你可能得回頭去弄清楚。或者反過來說，你什麼時候會封片？從機器中退出遊戲片，並決定再也不把它放回去？

本書中許多內容都取材自我們的遊戲日記：談論組建、設計文件的筆記和信件。

那麼，現在就開始寫日記吧。如果你不喜歡手寫或用電腦輸入想法，試著使用方便攜帶的錄音裝置，記錄你的想法以待日後轉錄。注意你的內在衝動。把你潛意識的感受帶到意識層面。用不了多久，你就會發現自己準備就緒了。

創意啟動

專案的啟動非常重要。這個階段有許多機會能深入影響專案的機會。你必須密切注意專案相關人員的著迷心理（偏執的想法）。如果有人不斷提及某些遊戲或電影，讓整個團隊一起看看相關材料會很有幫助。通常，很值得花個幾小時（或幾天）時間來研究你的競爭對手。他們做對了什麼，又有哪些需要改進？如果你不打算改進它，你可能會問自己為什麼要做這款遊戲。

這是很好的機會，在團隊建立期間，讓每個人的意見趨向一致：當你分享共同經驗時，每個人都在查閱團隊環境中的參考或影響，並且反覆討論概念，為專案設定願景。如果不與整個團隊分享，創意就一文不值。事實上，當專案正式啟動之後，通常會有大量的意見交流，字面上的描述會被轉化為美術設計（反之亦然），並進一步影響設計，再進而影響程式碼。也許某段設計可以影響遊戲故事，或者一段程式碼可以改變角色的紋理或動畫，諸如此類。當這類情況發生時，團隊就像一台運作良好的機器開始工作了。

爭取改變

選擇一款你打心底喜歡或欣賞的遊戲，找出一件你想改變的事，讓它變得更好。然後，寫一個吸引人且有說服力的論證，說明這個變化應該納入遊戲的原因，就好像你真的是開發團隊中的一員。

在這些寫白板或丟紙球的會議中，要盡可能保持開放和包容，因為要盡可能確保多一點團隊成員參與，以收集過濾可做為設計和故事基礎的所有想法和假設。你會聽到許多不同的觀點，有些觀點比較微妙，有些人同意，有些人則反對。創意人員的工作就是將多樣的意見過濾成適合專案的工作內容。這表示你得透過一個委員會來管理想法嗎？當然不是。有時候，最有力且吸引人的內容是來自單一創作者受靈感啟發的願景。無論如何，在專案初期對各種想法保持開放態度，對專案只會有好處，儘管到最後絕大部分的想法都會被拒之門外。

相見恨晚的偉大創意

這能幫助你避免遊戲開發中可能發生的最悲慘事情之一：相見恨晚的偉大創意。數不清有多少次，遊戲陷入各種混亂狀態之中，也許距離 Alpha 階段才過六個星期，里程碑和預算就已經壓垮了團隊，有人可能會說出很恐怖的話，像是：「如果我們幫主角加個噴氣背包的話，是不是這些問題都能迎刃而解，遊戲也變得更緊湊呢？」

但更恐怖的是，他說的是對的！這個建議可以讓手上的遊戲變得出色，你長久以來問題終於得到了解方，但由於進度表和預算的安排，你已經無能為力了。要避免「相見恨晚的偉大創意」，最好的方法就是盡可能預先聽取較多的想法。而這帶出下一個議題：時機。

時機

時機是重要因素。有時候你希望想法萌芽一段時間，等到自己完全考慮周全後，再呈現給團隊。相反地，靈感降臨時的興奮和即時性會感染，

像野火一樣蔓延到整個團隊。做為一位創意者，你工作的一部分是知道該何時提出你的想法，以及如何以最令人興奮但不引起恐慌的方式來表達。

不要使盡全力只為了避免一點點痛苦。大多數優秀遊戲在開發時都能忍受一定的恐慌。恐慌會挑戰你的舒適圈，但這也是魔法真正發生的地方（本章稍後會再討論創意的恐慌）。

稍微概括一下當然很好，但真的沒有什麼快速又絕對有效的法則硬；每個團隊和遇到的狀況都不一樣。然而，我們相信要是你愈能預先提出遊戲想法，與團隊分享並進行檢視，專案就會進行得愈順利。

試金石

無論是從何處著手，無論是寫日記、開挖創意礦脈、隨意的沉思，或是其他遊戲或媒體（電影、書籍、音樂、圖像小說、動畫等等）、來自電腦螢幕的啟發，任何專案都有一個起點，哪怕非常微小。

當我們與安德烈・愛默生（Andre Emerson）合作《正義戰警》（Dead to Rights）時，我們首先提出了一個模糊的概念，就是採用香港電影中那種由故事驅動的超現實物理和高度寫實主義交融的黑色電影主題。原先安德烈並不清楚黑色電影是什麼，但在加入專案後的兩個月，他就可以撰寫一篇相關的博士論文了。儘管遊戲和故事的開發都經歷了不少波折，但最終專案的成果還是堪稱為黑色電影與香港的一次相遇。

下面的「起點」是我們遇到的一些試金石，以及我們為了幫助激發想像力而創造的試金石。

戰情室

戰略至關重要。我們第一次看到戰情室是在與美商藝電「邊緣小組」（Electronic Arts "Edge Team"）合作《蘇聯攻擊》（Soviet Strike）專案時。專案開始的幾個月裡，團隊開始收集各種有用的實體文件，以營造遊戲的

現實感。創意總監邁克‧貝克爾（Mike Becker）建造了數百個軍事硬體模型，準備在遊戲中使用。掛在牆上的美術設計作品一開始是為了激勵士氣，而後被遊戲中生成的美術設計逐漸取代。我們有一個小沙盤，用來規劃不同的關卡。最終，牆上開始出現巨幅的關卡地圖。

　　曾經被人遺忘的小會議室成為了專案的創意神經中樞。當你走進去，就像是置身於遊戲世界當中。漸漸地，被稱為「奧茲計畫」（the Ozproject）的東西開始愈顯重要起來。製作人羅德‧史旺森（Rod Swansen）開始引入高科技介面設計。很快，我們就真的覺得自己置身於戰情室。在這裡，你可以真真切切地感受遊戲。行銷部門感覺到了，業務部門亦然。原本的邊緣專案最後變成了該公司的一項重點工作。任何人只要走進房間，就會立刻「明白」。就算不是，他們也會意識到其他人都明白這點，是時候開始執行計畫了。

海報打樣

　　在開發《恐懼反應》（Fear Effect）時，我們遇到了完全不同的情況。一群非常有才華的人對這款遊戲提出了許多強烈又具創造性的觀點。克羅諾斯（Kronos）的老闆兼藝術總監劉斯坦（Stan Liu）多年來一直在鑽研中國神話寓言故事。包括白約翰（John Pak）和帕金‧利塔瓦（Pakin Liptawat）在內的許多出色藝術家創作了美麗的人物和環境形象，卻沒有一種足以傳達產品價值並且吸引發行商。於是我們決定製作遊戲海報打樣，把女主角哈娜安排在前，而她的跟班德克和格拉斯則在她身後。我們抓住機會採用之前被發行商拒絕的角色設計，因為我們覺得那仍然最棒、最接近我們對遊戲的願景。

　　將約翰的角色結合到帕金的背景中，加上以獨特字體書寫的遊戲標題，成功捕捉到我們所追求的真實感和動畫感。當最終成品完成大圖輸出時，所有人都振奮不已，包括曾經拒絕這些元素的發行商代表。他們見到這些元素組合在一起，就忽然想在自己的辦公室張貼這些海報。突然之

間，我們一直在摸索並試圖溝通的東西通通結合在一起了。從那一刻起，遊戲的願景有了高度的共識。海報形象成為作品中最具影響力的元素。事實上，當《恐懼反應》上市時，遊戲的封面設計就是那張海報的改作，甚至標題還使用了相同的字體。

遊戲外盒文案

如果你感覺還少了些什麼（原創性或活力），也許你感覺遊戲會變得單調，或是還沒傳達遊戲的精髓。這時你可以做些簡單的嘗試，比如寫寫遊戲外盒的文案（大概三段宣傳文案，像是對消費者說「快來買喔」、「買我喔」的這類文字），看看你能不能激發創意的火花。當你撰寫外盒文宣時，請考慮以下事情：

- 核心玩法和特色（內部通常稱為「獨特賣點」）
- 吸睛口號（或鉤子）——專案的一句話總結，抓住潛在玩家的注意並吸引他們購買。
- 主角、生物、載具、武器、力量、遊戲世界等等
- 故事
- 體驗的深刻性

前面說到，請使用暫時的美術圖像，不管是你自創、或從網路上找到的圖像，只要能夠傳遞你的想法都好。這只是待銷售產品的初次嘗試。稍後你可以再根據想法或文案適不適合遊戲外盒（或任務宣言，如果你用傳統商業術語考量的話）來調整。

行動要項

β

編撰遊戲外盒文案

使用上述元素，為你自己的、或你玩過的遊戲撰寫一份遊戲外盒文案。試著像行銷部門一樣思考，問問自己：「他們會主打什麼元素？」保持簡短和精簡（要能妥適安排在遊戲外盒的背面）。

首先編寫遊戲手冊

另一項類似於編撰遊戲外盒文案、但更為深入的技術，就是開始編撰遊戲手冊的樣本。而在這裡，我們要編寫的是一份主機遊戲的手冊範例，裡面要盡可能涵蓋多種遊戲玩法、操作控制、和故事（有些電腦遊戲手冊可能會長達數百頁，因此我們在此使用主機遊戲的手冊格式做為範例）。

因為是手冊的緣故，文字必須簡潔精練。這能幫助你梳理雜亂的想法，並專注於核心內容。

選擇任何一款你欣賞的同類型遊戲或你的競品遊戲，並將該遊戲的手冊做為你的範本。當你開始編撰時，別忘了你正在與潛在的玩家進行交流。讀者並不了解你的專案，而且他對即將開始的體驗或概念一無所知。你的挑戰是向他解釋遊戲如何運作，以及他為什麼該拿起控制器，並對此感到興奮。

想想看：如果你無法在手冊的有限結構中清楚解釋遊戲的核心玩法或劇情，那你有可能需要重新審視你的設計或故事。率先編寫遊戲手冊可做為一項練習，這是探尋遊戲本質的好方法。

萬能採集筆記

編劇需要一個地方來收藏想法：自己的戰情室、或記載靈感的一頁式文件。

我們以所謂「萬能採集筆記」（master collected note）的文件來歸檔每個專案。它涵蓋尚未進入專案或永遠不會進入專案的所有材料。從各方面來說，它是弗林日記的集中版本，或是約翰所利用的創意礦脈。不過然而在此情況下，它只專注於特定的專案。我們建議你也採用這個方法，並且定期回去檢視它。保持更新狀態，定期餵養並加以照顧，它可以幫助你擺脫創作困境。

如果你認為還有其他遊戲、圖像小說、書籍、或電影會對你的作品產

生影響或具啟發性，就應該開始將這些資料收藏在重要位置。確保讓每個人都看過，最少看過與遊戲相關的部分。把參考資料燒在光碟上，即使是別人創作的電影，也勝過千言萬語。

當你採用萬能典藏筆記中的想法時，要把它重點標示出來。在文件中備註使用它的原因。這有助於建立你自己的現場解說，審視檢討自己的想法。你會發現，你不斷追求的想法通常會形成一種模式，在這個模式中，不單是故事和遊戲，你還會發現關於自身創造力的核心優勢。

當一個想法不再適合，或因事件而變得毫無意義時，就把它從萬能典藏筆記中移除，但不要完全捨棄。把它送回你的日記或創意礦脈中，你總有一天會用上它。

切勿畫蛇添足

一如腳本（當然還有書籍）總是需要編輯一樣，遊戲概念也需要編輯。回顧過往的工作經驗，我們發現遊戲可能會因為想法過多，也可能因為想法太少而遭受阻礙。不要誤會了，想法過多是一種奢侈的煩惱，但這從來都不是問題。反而試圖把每一個想法都塞進專案裡，才是災難的開始。

你在這行經常會聽見「切勿畫蛇添足」這句話（或是「多此一舉」）。不管哪種說法，都意味著不要添加超過需要的數量，而應該找到適當的平衡，讓你不會在其他想法中失去了最佳的想法，把創造力專注在真正重要的事情上。所謂的正確數量，並沒有硬性規定；你必須培養一種意識，分辨哪些是你所追求的，而哪些又是應該被送回到日記或創意礦脈中，靜靜等待下個專案到來的想法。

一般來說，少量而充實的概念會比大量卻缺乏細節的概念還要好。一個可以引起注意力的鉤子，比一長串的功能特色來得更加強大。

醞釀和呈現創意的策略

創意通常不會完全成形。它們通常是本能或模糊概念的片段，尚未找到其結構和意義。如果你在投入作業之前還沒完全搞清楚，那也沒關係。如果你能把想法歸納為視覺效果或標語（某些簡單的東西），就會變得容易呈現和容易被接納。當然，它也可能很容易被拒絕。儘管如此，重點是把它從你的腦中傳到紙本上，這樣你才可以藉此來動工。

壞主意

正如我們在本書開頭所提到的，我們用來呈現其中概念的一個技巧是所謂的「壞主意」。這不是對任何人創作過程的評斷；對我們來說，這是一個藝術術語。

當我們在開會時說：「那個，我有個壞主意，是這樣的……」意思是「我有個自認還不錯的點子，但不希望它因為還沒經過反覆推敲而被拒絕。」這是我們一邊釋放想像力，一邊先打預防針的方法，希望能因此敞開心胸接受創意。我們希望把某些東西輕輕擺上檯面，方便大家討論。之所以稱之為「壞主意」，是為了將這些想法與自我區隔開來。

如果失敗了呢？好吧，反正都叫它「壞主意」了，你還期待什麼呢？但如果它能激發創造力，那所有人都會立刻忘了它是個「壞主意」，而開始在其中加入自己的想法。「壞主意」通常可以做為某些驚人創舉的跳板：將他們視為富有想像力的破冰船。「壞主意」對整個流程來說非常珍貴，所以要習慣把它們展現出來，多鼓勵其他人一起交流分享。

塑造你的角色

角色可以很容易地用原型（archetype）來說明。比如，你可以說你的主角就像傑克·布萊克（Jack Black）或《終極警探》（Die Hard）中約翰·麥克連（John McClane）（由布魯斯·威利〔Bruce Willis〕飾演）。首先，

你獲得了演員努力詮釋出的角色人格。其次，你專注於演員為特定娛樂類型所創造的某個虛構角色。無論何者都會讓人立刻想起那個角色。

把你的角色與知名演員或虛構角色相比，是既簡單又直接的介紹方法。藉由前面的兩個例子，我們可以立刻知道我們的角色會帶著某種程度的幽默感來面對危險，而且可以明智地化解排山倒海的危難。一位是能以自己的方式來擺脫困境（傑克‧布萊克）；另一位則能夠殺出一條血路（約翰‧麥克連）。

在你寫作時，問問自己「誰來扮演這些角色？」如果你覺得某些演員，或來自其他遊戲、電影、電視、或書籍中的角色對你胃口，就把他們註記在角色列表中。在寫作過程中，想像那些角色或演員正在對你說話。

即使你不跟任何人展示你的演員名單，你也會發現角色因此更加生動、更加鮮活，因為在你的腦海中，他們已經完全成形了。

行動要項

G 用夢幻演員名單練習寫一場戲

你希望你最喜愛的演員、音樂家、政治家、名人、或虛構人物演出你的素材嗎？把他們加入你的故事裡。設計一場關於兩位手足爭論晚餐要吃什麼的戲。現在，以你夢幻清單中的演員為角色，寫下你所看到的一場戲。他們會如何對話、舉止、走位？再來，以演員清單中的另外兩位成員來重寫這場戲。留意你所做的改變，以及一個可定義的人格如何影響對話、行動和動機。如果你勇於冒險的話，找個人來讀一讀你寫的戲，看看他能不能辨認出演員，以及為什麼。他們的回答可能會讓你大吃一驚。

傳達創意的調性

當遊戲和（或）故事的創意最一開始被提出時，首先強調的通常是調性。在深入發展創意之前，應該要先把專案的調性鞏固好，因為它將構成

接下來大部分內容的基礎。

如果你正在製作系列作品，可能會發現你必須在各種詮釋之間進行選擇。舉例來說，如果你的主角是詹姆士・龐德，你會選擇史恩・康納萊（Sean Connery）、羅傑・摩爾、還是皮爾斯・布洛斯南（Pierce Brosnan）的龐德？這幾位演員各有不同的調性。

當你處理自己的專案時，你可能會覺得遊戲應該要像《駭客任務》中的開場一樣：一個疊加在現實之上的虛幻世界，神祕、夢幻、卻又以某種方式達到邏輯自洽的世界；像極了我們所處的世界，但又並非如此。再強調一次，如果你的內容具有這般野心，那確認調性便至關重要。

前面我們討論《正義戰警》時，曾說過這是黑色電影（調性）與香港實體（調性）的相遇。用一句話來總結就是，你對專案的創作方向有整體的認識：

• 世界將充滿黑暗與沉思（黑色）。
• 主角會用旁白對我們說話（黑色）。
• 大部分的遊戲和故事會發生在夜晚（黑色）。
• 特別浮誇的行動（香港）。
• 暴力部分將是一場精心編排的混亂血腥劇碼（香港）。
• 超現實的重力和物理特性（香港）。
• 黑色電影和香港覆蓋了整個專案的調性，貫穿整個開發過程，影響了設計、美術、和程式編寫。

定義專案調性時不要過度廣泛。無論事件看起來有多荒謬，都要假設你的角色認真看待他們的處境，才能告訴別人那是真實的遊戲世界。這可能意味著遊戲中的對話應該像是真人在講話，但對於還不了解你想傳達什麼內容的人來說，真實世界可能是個危險的概念。

遊戲本質是非常不真實的，因此請聚焦在如何表明真實世界的調性。比方說，你可能會解釋這一切都是即時發生的；或者遊戲世界是由實際存在的五個城市街區的擬真模型所組成；或者如果有人中槍，那他所承受的

傷害就將危及生命。如果你的主角是個士兵，就必須說明角色使用的是現實世界的武器，在實際戰場上作戰，並使用真實的術語，而不是像一群突然發現自己加入特種部隊的懶鬼那樣說話。

我們一直告訴自己，我們從事的不是遊戲產業，而是娛樂產業。電玩遊戲是我們的主要表達方式，但在這種情況下，具電影感的參考資料確實能幫助所有人取得共識，讓你清楚傳達出專案的調性。

行動要項

β 製作一份拆解調性的文件

用一頁或更短的篇幅拆解你最喜歡的遊戲、電影、或書籍的調性。想想作品的調性是怎麼影響你對作品的反應，它的調性是否影響了你的情感與內容間的連結？問問自己，如果調性改變但內容基本不變的話，會發生什麼事？例如，如果《星際大戰》是一部嚴肅又黑暗的悲劇，而不是帶有悲劇色彩的動作冒險電影，那作品會如何透過角色的旅程、螢幕上的暴力、和創造出來的科幻宇宙展現其本質？說明你撰寫的 IP 因為調性上的些許調整而受到什麼影響。

重新開始並保持專注

身為編劇，創意就是你的財富。能有效又有說服力地藉由書面文字傳達想法，就是一切。

遊戲寫作的技藝與技巧在某些方面很明顯不同於其他的媒體。你會反覆遇到的一件事情是，遊戲寫作會不斷地暫停和重開：你會在短時間而密集地處理一個專案，然後在很長的時間裡又什麼都不做。

遊戲專案的醞釀期往往比較長，通常在十八個月到兩年之間，相比之下，開發週期可能會比較短。保持願景和熱情需要很多時間，尤其因為在這段期間，願景和熱情很可能會經歷各種變化，而且你很可能和我們一樣，會同時處理許多件不同的工作。

重新啟動專案有兩個面向。其一，清楚了解自從你上次參與其中到今天，專案發生了哪些變化。關卡被刪減了嗎？資源被刪減了嗎？遊戲的重心轉移了嗎？其二，再次進入專案的頂空（headspace）。

重新跟上進度

多年來我們了解到，通常除了設計師和編劇本人以外，沒人知道專案的變化會帶來多少工作量。眾所周知，製作人不擅長預測這類事情。他們所認為的一個微小改變，可能會帶給你驚人的工作量；而他們以為的巨大改變，帶給你的可能只是幾場戲的重剪和編輯。這都是個人感受。

別忘了，製作人除了監督專案的創意部分以外，還負責按時交付遊戲。事實上這通常是沉重的負擔。他需要照顧的方方面面超出你的視野許多，請記住這一點。

優秀的製作人會把他們的創意與遊戲開發中的任何商業詭計區隔開來。我們在職業生涯中，有幸與一些最優秀的人才共事，他們是我們的朋友。我們跟隨他們投入戰鬥，並且樂意再次加入。不過，也同樣是這一群製作人把我們給逼瘋。這是他們工作的一部分。我們不會往心裡去，你也不該如此。

因此，處理腳本修改的方法是深呼吸，聽取修改提案。不管聽起來有多糟……不要驚慌。恐慌是你的敵人（稍後會討論）。最好的方法是仔細聆聽要修改的地方，並記下筆記。製作一份評估文件，在其中重述修正內容以及解決方案。

來到流程中的這個關口，是時候放下再也不相關的事情了。這就是「忘掉創意」（creative amnesia）的優點。那些不被專案採納的偉大想法該怎麼辦？忘了它們吧。好好規劃下一步的範圍、規模和進度。為你著手處理的事項取得簽核。如果無法取得完全批准，先取得第一步的核可。關鍵是你得積極重新參與專案。你想成為解決方案的一部分。

頂空

「頂空」這個詞首先在六〇和七〇年代出現時，確實引起一些人的不快，但它並不是個貶義詞。對我們來說，這是一個術語，意思是：一個人現在或希望進入的特定心裡狀態。這樣你就懂了。

假設你在專案的第一階段工作，並且在某時某地你確實進入了情況，於是他們讓你進入第二階段。重新啟動時，你的目標是能夠在最初的頂空上重新出發並更加精進。實現這一目標的方法是往前邁進。

不管步伐多小都無所謂，你需要的是做一些能夠反應專案新方向的事情。無論新階段的重啟有多麼令人煩亂，你有多麼不想，還是得挽起袖子親力親為。強迫自己去做，就算每天半小時也好，直到你漸入佳境為止。確實投入時間，如果沒什麼成果的話，先暫時離開，重新整理想法後再回來重新嘗試。

試著把你需要修改的所有相關文件獨立出來。打開來，快速瀏覽一遍。編輯舊文件，在其中添加一些你需要處理的問題，做為註解。你要做的事情很單純，就是讓這個專案重新在你腦中活化。要不了多久，你就會步上正軌了。

提振創作的技巧

我們將以下這套方法稱為古典制約。這是我們在專案開始時，用來回到頂空狀態的啟動器。這對某些人有效，對某些人則無效。

音樂提示

建立一個與專案有關的音樂播放列表，在工作期間播放，有時這很有用，就好像你正在為真實遊戲製作原聲帶一樣。通常，樂器往往能發揮比人聲更大的作用，而且不會分散注意力。你可以自訂一張非常精準的原聲帶（假設你正在製作一款《異形》〔Aliens〕遇見《魔戒》〔Lord of the

Rings〕的遊戲，將兩者的音樂混搭在一起是很不錯的點子），也可以選擇一些毫無關聯的音樂。

這裡的概念是，寫作時輕輕地播放背景音樂，能把音樂烙印在你的潛意識當中（如果你喜歡，也可以戴起耳機把音量開到最大；傳言史蒂芬‧金〔Stephen King〕聽的是咆哮搖滾樂）。祕訣是，只把這組原聲帶用在這個專案上。當你在幾天、幾週、甚至幾個月之後打開專案，很快就能重新進入狀況。

行動要項

α 建立一張寫作專用的原聲帶

運用你電腦中的媒體播放器，燒錄一張客製化的原聲帶在寫作時播放。任何你覺得適合的音樂都行，但請挑選你認為能激發自己創造力，而且與你手上遊戲專案的玩法、角色、地點、體驗弧線有關的音樂。覺察這些音樂如何影響你寫作時的創造力，並在日記或創意礦脈中記下這一點。

視覺提示

如果你有參考用的圖稿，把它掛在牆上或放在電腦裡，幫助你回到專案的頂空。圖稿可以是為專案特別製作，也可以取材自其他領域。這都不重要。如果你的專案參考了其他遊戲、雜誌、書籍、或電影，那就回到那個源頭，重玩遊戲、重看電影、重新閱讀文章，以此類推。

神祕的影響

你在哪裡開始這個專案，就回去那裡重新出發吧。這本書碰巧開始於星巴克，當時我們正在等人把碎了一地的咖啡壺換新。回到那裡，我們將重回當時萌發想法的土壤（非雙關語）。

口頭禪

通常對於角色，你需要一段獨立的對話來包裝他們的人格。例如，如果你正在製作一款骯髒哈利（Dirty Harry）遊戲，一開始寫作就要為角色建立一句口頭禪：「我知道你在想什麼，渾蛋。」或「你覺得你幸運嗎？」如果是你自己的角色，寫下只有他才會說的話。這讓你有了定位角色對話風格的依據。在你離開那個角色一陣子過後，只要簡單重新寫下他的慣用語，角色就會立刻回到你的腦海中，不但形象鮮活，而且蓄勢待發，準備好要劈哩趴啦講出風格一致的台詞。

這種角色與對話的寫法可以加強真實性，也往往是（配音演員）試鏡的好素材。

艱難的選擇

殺死你的寶寶

修正，光是寫下這個詞就會勾起一連串痛苦的回憶。不論如何，你必須心甘情願殺死你的寶寶，否則你的編劇生涯將會十分艱辛、沮喪且短暫。意思是，如果你的創意不再適合專案，無論是因為想法分歧或產業現實，就放生它吧。

這是做為編劇最困難的一部分：盡力而為，必須投入情感，但如果要靠這身專業存活下去，你必須冷酷地把自己抽離出創作之外。這是寫作這門技藝的矛盾，除非你對專案的創意設計能有完全的掌控，否則就請準備好面對它。什麼都有可能被刪減：關卡、世界、功能、劇情、動畫……一切都會受到修改和刪除的影響。這就是電玩產業（或任何娛樂相關的寫作行業）的殘酷現實，以成熟的態度來面對，有益於你的職涯與心理健康。

這是否意味著，在面對一個與你不同的創意決策時，你只要轉過頭開始裝死就好？不，當然不是。如果你真心相信某件事，那就為它奮鬥吧。好好解釋它之所以重要的理由，為什麼做了這件事，遊戲會變得更好。

但也別忘了，這世界到處都是空談的理想主義者，所以當個現實主義者也不錯。不要去打一場贏不了的仗。事實上，一家大型發行商的高級主管曾告訴我們（關於我們手上一款陷入混亂中的遊戲）：「誰對誰錯都無所謂，重要的是誰贏了。」在那個情況下，他說得沒錯。我們是對的，但毫無意義，因為贏的是別人。

所以當你在開發大型遊戲、大型娛樂體驗產品的時候，別為了一些小事就立下旗幟，因為創意面和財務面仍大有可為。身為專業人士，你的其中一部分工作就是想辦法找回失去的東西。如果你真的在開發一款遊戲，那想辦法把損失變成專案的淨收益吧。

最後建議是，把殺死自己寶寶的艱難過程看做一個機會。有時候，當你被迫與心愛的人分開時，就會出現最好的辦法。這帶出了一個等了很久都還沒提到的創意問題。

忘掉創意

這整個產業和專業訓練的建立，都圍繞在幫助人們「放下」或「向前看」上頭。面對艱難的修正課題，我們要練習「忘掉創意」。對編劇來說，忘掉是需要培養的技能。這是什麼意思呢？當一個創意從專案中移除時，要學會忘記它。試圖把某些被專案移除的東西重新加回去的人，是最無聊的人。為了避免自己成為這樣的人，請好好鍛鍊「忘掉創意」的功夫。

行動要項

α　練習忘掉創意

在腦中想一些很酷的事情。現在，把它忘掉——這做起來可比聽起來難多了。

10 團隊與動態開發

開發團隊

　　下圖是以編劇視角所見的電玩團隊運作模式。你不用將它奉為圭臬，這只是用來解釋我們的工作方法。儘管你會想了解你專案中的不同職稱（它們在不同地方有不同稱呼），但我們想說明的是製作流程，因為多數遊戲開發都是平行運作的模式。我們的意思是，每台車都在同時前進，而非按照順序前進。也許程式會先完成工作，而後美術才進場接手。請查看下圖，以了解合作中的各個領域。

　　所有電玩遊戲開發團隊都是由這四個主要部門所組成：

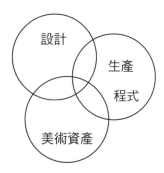

設計

設計部分包含整體遊戲設計及個別的關卡設計。設計團隊通常由首席設計師領導。他（她）負責遊戲大部分的創意願景。

設計涵蓋玩家與遊戲互動的各個面向，包括核心機制、遊戲模式、控制、角色屬性、生命值與傷害、武器、威力強化道具、介面、遊戲殼層、敵人、謎題和載具等等。

關卡設計師負責布置遊戲中的各個世界（關卡），並在首席設計師的指導下工作。關卡設計師設置敵人和可收集物品（物品或彈藥等），擺放事件觸發器（當條件滿足時便會引發特定事件），設計需要克服環境危險，並與首席設計師密切合作以確保遊戲核心玩法在關卡中充分發揮作用，同時還得負責調整關卡（優化玩法並完善細節）。設計團隊在過程中的每一個環節，都需要與其他部門充分互動。

程式

程式設計（根據開發商／發行商的不同，也可能稱為工程或程式碼）負責整合所有遊戲資源並確保一切順利運行。這群人負責開發或優化遊戲引擎、建構或維護遊戲開發工具。他們為粒子特效之類的東西進行編碼、處理遊戲物理及環境中的可破壞物件、建立生命值和武器受損等數值的隱藏資料庫、調校控制系統，以及設置音樂和音效的觸發時機。簡單來說，遊戲中任何需要運行的事物都由程式負責。

該部門通常由首席程式設計師管理。根據遊戲規模不同，首席程式設計師手下也有一些團隊人員。他們通常各自負責遊戲中的特定功能（物理、優化、特效、動畫等）。

只要講到讓遊戲照計劃做它該做的事情，那就是程式部門或程式小組的責任。

美術

遊戲中所有需要創造和實現的美術資源，都由美術部門負責。工作內容包括角色和遊戲世界設計，打造角色、生物、敵人、武器和互動物件的3D模型，生成紋理，營造遊戲中的打光策略和整體氛圍，並為遊戲中的元件（如介面或遊戲殼層）製作素材。

美術部門僱用具有傳統素描、Photoshop或3D電腦成像（3D CGI）技能的藝術家。該部門通常由美術指導（production designer）所率領，負責專案中的所有意象。首席藝術家（lead artist）與美術指導密切合作，同時也幫助協調各個藝術家之間的合作。

生產

生產部門必須了解專案中所有領域的發展情形，因此是所有部門形成交集的地方。這裡也是製作人的大本營。製作人通常對專案有一定程度的創意掌管權，同時也負責控管遊戲的進度和預算。遊戲製作人需要與發行方的製作人及其行銷、公關和業務部門建立聯繫。生產部門負責開發的日常工作，包括人力資源、進度安排、和財務會計。

生產部門也是音效音樂部門的所在（儘管我們也將其視為美術部門的一部分，但這會因開發商和發行商而異）。製作人及其團隊的職責是關注交付成功作品這個最終目標。如果說其他部門（設計、程式及美術）的關注方向是細節，那麼生產部門便是「關注全局」。

遊戲開發過程中，生產部門不斷尋找改進遊戲的機會，同時努力避免任何潛在的問題。在一團混亂的開發過程中，生產部門必須保持在暴風眼中心：我們認識最厲害的製作人能使轉碟和打地鼠這些手忙腳亂的事情看起來毫不費力。

身為編劇，你的主要合作對象是製作人與首席設計師。你還需要與創意總監（他對你來說應該類似電影製片人的角色，並通常是開發公司的所有人）及音效設計師／錄音工程師相互配合。在專案過程中，你通常會與

設計和美術團隊的成員直接合作。

　　你的工作是提供一個扣人心弦的故事，為遊戲玩法賦予意義，在整體體驗中調動玩家的情緒，並增進遊戲的沉浸感。你可以利用任何編劇工具來實踐這個目標：鋪陳和回報、角色旅程、情節轉折帶來的戲劇張力、明確的角色動機，以及利用諷刺、悲哀、喜悅和興奮等情感來建立敘事的情緒高潮和低谷。編劇技藝的工具為你所用，但遊戲故事的成功與否，則取決於你的選擇。

故事與玩法的碰撞

　　目前，遊戲還不屬於由故事驅動的媒體。如我們所說，敘事的存在是為了支援遊戲玩法。對遊戲社群中的許多人來說，他們一開始對遊戲中的故事是又愛又恨。

　　如果可以的話，遊戲業界的許多優秀設計師會選擇放棄故事。慶幸的是，對遊戲編劇來說這不會在近期發生──這個世界對電影周邊商品、授權，以及發行商與開發商對 IP（智慧財產權）的價值認識不斷提高，因此這種事不會發生。某些最優秀的首席設計師已經把遊戲視為講述動人故事的新媒體。儘管如此，遊戲故事仍然遇到不小的阻力：通常，故事被視為一種必要的麻煩。

　　我們不止一次接到製作人的電話，表達類似「我們得好好討論一下這件事。」的說法。許多遊戲製作人把腳本寫作當做只需要插入對話就好。他們沒有意識到對話只是巨大冰山的一角──最重要的是你需要有一些東西讓角色可以談論。除此之外，你還需要有趣的角色和有趣的動機，讓他們可以用有趣的方式來談論。

　　為了公平起見，我們也在此提出一個非常重要的反面論述。許多編劇都認為遊戲只關乎他們自己的故事，而他們要不是不適應，就是不願意為了在媒體中發揮效用而與現實妥協。每個發行商和多數開發商都有過這

麼一段故事，他們高薪聘請的小說家或編劇在打開 Excel 試算表時，發現裡面竟包含一百五十位角色的所有對話（每個角色都需要二十句激動的台詞，像是「小心！」或「這裡沒有東西」或「那是什麼？」）他於是立刻打電話給經紀人，試圖退出專案。這種做法不但行不通，而且會對試圖跨足遊戲產業的傳統編劇造成傷害。

如果你想為遊戲寫作腳本，無論你的資歷如何（或缺乏資歷），都必須接受這個媒體對編劇的特殊要求。通常這與自尊無關，而僅僅是缺乏溝通：定義明確的期望和交付標的可以大幅緩解類似的文化衝突。

態度決定一切

遊戲腳本編劇／遊戲設計師，請牢記以下遊戲產業的相關事項。

遊戲寫作是一種新媒體，而我們正在完善它

在清楚自己正在做什麼與嘗試令人興奮的新事物之間，我們始終左右為難。在日益成熟的產業當中，我們仍不是一個成熟的媒體。硬體和程式領域都取得了長足的進步；而拜技術和軟體進步之賜，敘事和遊戲設計正努力迎頭趕上。

遊戲產業不喜歡風險

今天這個行業面臨極大的風險，主要在於授權和續作（這邊討論的是大型發行商；相較之下，許多獨立工作室製作了大公司絕對不會支持的奇趣遊戲）。在遊戲領域建立原創資產需要的不僅僅是優秀的內容：更需要能夠提供這樣內容的一流開發商，以及願意在財務和創意上給予支持的發行商。這與九〇年代初的多媒體時代相去甚遠，當時遊戲開發商和發行商幾乎願意嘗試任何酷炫的新點子。

寫作是件難事

撰寫短篇故事、小說、或劇本都很難，更不用說要為遊戲編寫多維、靈活的故事情節了。

發行商常抱有奇怪的期望

總有人問我們，能不能製作一款讓人落淚的遊戲。你怎麼不去問問自己能在天使頭上插幾根針呢？這種事也許真的可行，但值得嗎？玩家玩遊戲是想要這種情感聯繫嗎？我們可以就雙方論點進行討論。

為什麼不能製作戲劇張力強大的遊戲呢？一大群影迷爭先恐後地去看最新的催淚片；整個有線電視網都圍繞著本週疾病電影（disease-of-the-week movie）而建立。為什麼我們不能製作遊戲來吸引這些渴望哭泣的受眾呢？再者，電玩遊戲的核心族群真的希望對他們所扮演的角色投入如此強烈的情感嗎？

永遠不會更簡單

你可以做一百款遊戲，每款遊戲都有令人興奮和沮喪的時刻。你會把許多設計文件丟進資源回收桶。由於無數種原因，你的輝煌創舉（或至少你認為的輝煌創舉）會被刪除，而且大致上與這個點子潛在的精湛技藝無關。當你覺得沒問題了，就會遇到麻煩，這是很好的經驗之談。

每一次，都像初次約會那樣精心打扮

如果你一直談論過去，代表你在欺騙現在。不管你以前多常這麼做，到了寫作時，都要深入內心去尋找有創造力的火花，讓你得以狂野的熱情和樂觀的態度來處理案子。

忍受笨蛋，否則你也會變成那樣的人

在電玩工作中，儘管你擁有世界上最棒的創意，如果你的團隊不願意

或無法實踐它，也無濟於事。有些戰鬥是根本無法取勝的，認命吧。

盡你所能的努力討價還價

在良善意圖和大量技術宅話的掩飾下，藏著一個冷酷的現實：專案的樣貌是由團隊分配的時間、預算、人才、和意願形塑而成。一個好編劇不會忘了這一點，也會以此為目標來作業。請記得，你是團隊的一員，但有多重要，就取決於你自己了。

凡事不斷在改變

好吧，我們來做一個籠統的聲明（相信我們多年的經驗完全站得住腳，不會很有爭議也很難與之爭論）。我們想說的是：「在遊戲開發過程中，凡事不斷在改變。」

讓我們來拆解一下這句話，以及這句話對你的影響：

- **凡事**：指進度表、遊戲設計、美術能力、行銷方向（以及隨後的創作方向）、預期授權、製作人的異想天開、預算、技術限制、控制、人事變動、以及遊戲開發過程中幾乎在各個層面意想不到的無數問題。簡單來說，凡事：所有元件都可能會以災難性、怪異且荒誕的方式影響遊戲內容。
- **不斷在**：問題不在於是與否，而在於什麼時候發生……通常在開發初期就發生，直到遊戲完成才停止。
- **改變**：駭人的修正工作。整個開發週期當中，遊戲的各個層面都會發生變化。製作遊戲是一個迭代的過程，有時候確認事情是否生效的方法就只有測試。然後修正，再一次測試。遊戲開發倚賴不斷循環的意見回饋。創意經過探索，發揚或淘汰。新概念出現，舊概念廢止。關卡建立之後又被捨棄。製作過程開始功能膨脹（feature creep，緩慢且偶然的進化），挑戰設計的核心元素。團隊中有人發現了一個很酷的程式錯誤，突然間它竟成了遊戲機制的重要部分。

記住，改變不一定會讓事情變得更糟，有時候反而會讓事情好轉。如

果你是那種無法面對變化的人，那麼請放下這本書並離開電玩產業，直到它經過幾代蛻變和完善後再回來。畢竟這是遊戲開發的現實，你需要為此做好準備。預測它、承認它、接受它、利用它，把它變成你的優勢。「凡事不斷在改變」這句格言使遊戲成為可以在其中探索創造力的獨特媒體。

凡事不斷在改變 ①

好的，故事是這樣設定的：一位名叫莎拉的年輕女孩神奇地獲得了飛行能力。她上學遲到了，外面又颳起了暴風雨。她必須在十分鐘內趕到學校，飛行是準時抵達的唯一機會，但又不能被人發現她會飛。如果她無法及時抵達的話，她的飛行魔法球會被一個叫做卡爾的壞蛋偷走，而那正是她獨特力量的來源。請為這段演出撰寫一頁說明：她將面臨哪些挑戰？她該如何利用飛行能力來發揮自己的優勢？暴風雨會影響她飛行嗎？她該怎麼阻止卡爾？在你寫完之前，先不要偷看下一個行動項目，這不用多說吧。

火災警報

火災警報是真實生活中會上演的情況，我們要習慣這件事。每個重要專案至少都會發生一次。總有一天，你得在一天之內完成三天份的工作（通常你會意識到這天的到來，有時不會），需要通宵，要是面對承諾被違背和各種麻煩事，火氣也跟著上來。每個人都知道會發生火災警報。學會看著它到來。每個人至少都會參與一次火災警報；前兩次可能還算情有可原；但到第三次就表示得要做出改變了。

火災警報確實會發生。然而，當發生得太過頻繁時，就揭露了一個嚴重的問題：製作人缺乏經驗，或缺乏控制力。

第一次火災警報與你有關。換句話說，你必須付出極大的努力以某種方式完成工作，或至少維持它的安全。把需要完成的工作隔開，像英雄一

樣幫助它擺脫困境（畢竟是因為某處發生了火災，才會啟動火災警報）。這就是你可以得到中等報酬的原因。當危機解除後，你無須責備或威嚇，便有權劃定一些公平的界線。然後還可以這麼說：「你看，我需要一些警告。」或是「接下來還會發生什麼？我們該如何解決？」

我們曾參與一個專案，創意團隊和開發團隊剛好位在地球的兩端，時差有十二個小時。創意團隊會提出新的想法，或者開發團隊會發現某個關卡裡的某些東西並提出修改。然而雙方的現實結構和時差意味著每次修改都要為期兩天，才能讓大家釐清事情的來龍去脈。

不久之後，火災警報成為專案的常態，深夜或通宵電話，還有長達數小時的即時訊息溝通。當一個團隊安排六週完成一個關卡，而你花了四天取得修正內容和確認，就知道這對開發過程有多大的影響。當每個關卡都增加一些新想法，你會突然驚覺，倒不如把進度表印在衛生紙上還比較有意義。於是這一切演變成了緊急情況。

火警的主要問題是，這通常是被動而不是主動的行為。你努力處理問題（滅火），但你並不是在建設什麼東西，而只是在防止其他東西被燒毀。

最後，我們解決問題的方法是讓每個人都使用一樣的計時器。如果你有一個新的創意，你有責任熬夜（無論你在大西洋的哪一邊）並在工作日與團隊的其他成員溝通。將為期兩天的流程縮短為即時的回饋。

驚訝的是，當人們因為自己提出的想法和改變而被迫熬夜時，這些情況就會突然變少。真正進來的人很重要，他們會看到熱情，因為你必須先犧牲自己的時間和睡眠，才能要求其他人也照做。再之後，我們就可以很快把消防水帶給收起來了。

安全上壘（處理壓力）

有些事我們稱之為「安全上壘」。這不是一個確切的位置；而是一種你與人相處的感覺——感覺一切都會好好的。他們感到安全、工作能在截

止日前完成，他們的東西會被批准、周圍的環境也很熟悉。他們並不站在流沙上，而是能夠看見一條通往終點的道路。

進行專案就像衝浪一樣，你想在那種美妙興奮的感覺之間衝浪，心情從「我們在做史上最酷的事情，這是一項重大突破」到「這太扯了！到底在搞什麼鬼？變得一團混亂。這案子快崩潰了！」

到了某個階段，我們都需要安全感。安全上壘可以紓解壓力，讓每個人都脫離險境。安全就是你的舒適圈。人要不處在舒適圈，就是要知道該如何回到自己的舒適圈。如果不是這樣，就會像溺水的人一樣奮力掙扎，並且把其他人一起拖下水。專案的叛亂通常就是起因於有人脫離了舒適圈，並掙扎著想要回去。

避免惡化

安全上壘有許多方法，但通常是給團隊成員他們可以依附的東西，就像溺水者的救生圈一樣。在專案進行過程中，你還不時要兼顧交付標的和進度以實現目標。

比如我們最近正在進行的一個專案，遊戲的第一關有一些複雜的過場動畫。按照計畫，我們暫時還不需要處理這部分。所以我們先動手處理遊戲其他關卡的節奏。可是動畫導演開始「搖擺」，他不確定這些動畫能夠發揮預期中的效果。而他的疑慮開始感染團隊中的其他人，因此，我們決定開始和他合作，盡快寫下這些過場動畫。

我們完成文件，交給他需要的東西。他不但看到了待完成的工作項目，甚至在創作過程中成為了我們的伙伴。他有了安全感，可以滿心歡喜地安排進度，分配其他藝術家的工作，並開始繪製過場動畫的分鏡。讓他陷入焦慮的未知元素重新獲得控制。

你也需要安全感

偶爾你也會發現自己需要安全感。設計或腳本的某部分讓你苦惱，你

便因為沒有解決方案而決定延期。但其實你不能這樣放過它，否則它會成為你的夢魘，讓你不斷懷疑自己，使問題變得無法忽視。如果你這麼做了，它會開始滲透到你所有的工作之中。

要把工作做到最好，你必須自信滿滿地寫下文件，堅信每一頁及最終在螢幕上所呈現都是有創意且正確的成果。儘管稍後總會有人出來告訴你哪裡做錯了，但在生產內容時不能心存懷疑。這意味著，如果解決一個你希望延後處理的問題能帶給你安全感，那就做吧。最後，你的設計或腳本會變得更好。如果你在挫折中仍然可以生產出引人入勝的內容，就代表你擁有一項我們沒有的技能……不過老實說，我們也不想有。

些許壓力是有益的

以上所說的這些，並不代表我們想營造一個沒有壓力的創作環境。事實上，壓力不僅是意料中的事，同時也有益處。壓力是過程中不可或缺的一部分。沒有壓力，就永遠不會做出決定，永遠趕不上截止日期，也永遠不會實現有創造性的突破。

行動要項

β

凡事不斷在改變 ②

你在上一個行動項目中寫了一份一頁式說明，描述年輕的莎拉在飛往學校的過程中，阻止壞蛋卡爾偷走她的神奇力量。好，很好！希望你喜歡這個故事。我想我們也很喜歡……但有個小問題。事實上，我們沒辦法在遊戲中飛行。抱歉，真的飛不了。我們了解這屬於核心機制，但根據計畫這是不可行的。另一方面，我們可以讓莎拉擁有發出球狀閃電的能力。而且我們正在刪減關卡的數量，所以莎拉要改從學校外面出發。現在，重新撰寫這場演出，莎拉還是得阻止卡爾偷走她的閃電能力。想想你需要改變些什麼，可以在之前的草稿中保留些什麼。喔對了，飛行的事真是抱歉……遊戲業就是這樣。

壓力是專案中美好的一部分，但前提是能夠藉由放鬆、恢復和進步而緩解壓力。換句話說，人們並不介意每天工作十八小時。只要有適當的警告，明白何時會結束，同時確信自己會拿到獎勵。

無窮無盡的壓力幾乎都會使專案以一場災難告終。人們可以承受長時間的辛苦工作，但隧道的盡頭必須有光。當你的遊戲大受歡迎時，有趣的事情就會發生。所有掙扎、磨難和艱難時光都會過去，取而代之的是成功的溫暖光芒。

釐清混亂的故事

到最後，這種工作方法通常會演變成廚房水槽（kitchen sink，編按：這種戲劇類型盛行於六、七〇年代，寫實地描寫普通勞工階級生活，因場景多在廚房而得名）專案。有個遊戲名叫《黑衛士之島》（Blackwatch Island），那裡曾經是納粹實驗室，但在此之前是德魯伊祭壇，再久遠之前是外星人著陸區，更是吸血鬼督軍和流亡巴比倫諸神的大戰區。如今它是巫毒教的毒品恐怖主義特種部隊營地。這樣你就明白了——每個人都參與其中，而結果是一團混亂。

歸根究柢，儘管有人相信可以依靠眾人的智慧做出決策，但是創造性的製作過程並不是一個開放市場，更不是民主進程。事實正好相反；這是一個微小而深奧的願景，如果建造得當可以影響眾人，或至少一部分的人。

尋找核心創意

一個快速穿過錯綜複雜點子的方法，是試著找出這個創意最初的潛在動機。如果你有一款狂野的生存恐怖遊戲，故事朝著二十個不同的方向發展，那麼請從體驗的核心開始。「為什麼選擇生存恐怖？因為我們想創造一款史上最恐怖的遊戲。」很好，你已經有了基礎，這會成為你的任務宣言。如果你能讓人為這樣簡單的陳述簽名畫押，那就太好了。這將有助於

聚焦。

　　突然間，那些塞滿內容又彼此爭奪注意力的鬼魂、狼人、吸血鬼、亡靈、外星人、和殘缺生物都開始為你的任務效命。你會更容易精簡創意、釐清混亂並挖出真正重要的東西，進而創造引人入勝的遊戲體驗。任務宣言還有一個額外的好處：沒有人可以推翻它；就算要推翻，至少他們得先承認自己改變主意或改變方向的重點才行。

偏離正軌

　　假設我們正致力於一個有關「太空陸戰隊攻擊卡通世界」（Space-Marines-Attack-Cartoonia）的故事。你可能會結合《星艦戰將》（Starship Troopers）與《威探闖通關》（Who Framed Roger Rabbit?）的架構，後續可能還有上百萬個問題需要決定。但所有人都同意，如果團隊離《爆炸卡通》（Blasting Toon）的角色愈遠，我們離目標也會愈遠。

　　假設在這個過程中，某人（就叫他比利吧）一直想做一款卡通人物的遊戲（cartoon character game，我們稱之為「卡通創造家〔Creatoon〕），讓玩家可以利用虛擬的容貌拼具系統（identi-kit）創造自己的卡通人物。這是比利的野心，是他真正喜歡也渴望實現的事情。儘管「卡通創造家」已經八九不離十了，但與「太空突襲隊攻擊卡通世界」還有很長一段距離。儘管這有幾分相關，甚至可能是 USP（獨特賣點），但如果把行銷比喻成打獵，那你打中的是手，而不是心臟。

　　這引發了決策危機。爭論走到這一步，比利和其他開發團隊成員必須在「卡通創造家」中投入大量的美術資源。或許比利可以不關心射擊軟軟兔（Shooting Blabby Bunny）這個關卡。對他來說，整個專案就是「卡通創造家」。問題是，遊戲的任務宣言很明確：星際戰士要炸飛卡通兔。這是行銷人員說他們可以行銷；業務人員也說他們可以銷售的東西。

　　然而比利並不在乎。他是「卡通創造家」的倡議者，同時也是厲害的 AI 工程師。如果「卡通創造家」被刪掉，他可能會退出專案，順便帶走幾

個人。比利氣炸了，他可能會離開並控告公司以拿回「卡通創造家」的版權。他正在與上司交涉，而這位上司認為他是公司最大的資產之一。團隊因此面臨嚴峻的問題。

　　最後你（還有其他人都發自內心）認為「卡通創造家」是產品中有趣的附加元素，是適合青少年的「教育休閒」軟體，但不是你、其他團隊成員、或者發行商想要的東西。如果投入太多資源在這上面而犧牲了星際戰士炸飛卡通兔，最後這將變成一個有瑕疵的專案。

　　遇到這種狀況，你該如何居中協調？誰會得到、誰得不到資源？你該拿比利怎麼辦？身為編劇，你會因為比利是你的好哥兒們所以站在「卡通創造家」那邊？還是你會據實以告，說那真的不適合你們的專案？假設「卡通創造家」的問題在於，當玩家自行設計的角色時，必須要有能夠反映該角色獨特性格的客製化對白。

　　這時你意識到，如果要執行「卡通創造家」，就得為自訂角色的每一句台詞撰寫十種不同的變化。你的工作將會幾何級數增長。這頓時成了一個嚴重的問題，一百頁的演出和對話忽然跳級成為一千頁的劇本（你可能會認為這是誇大其詞，但這個案例真實發生在我們身上，那一點都不有趣）除了工作量增加之外，你還有進度安排和資金的問題。

　　另一個可能更重要的問題是，這個創意有著創意上的瑕疵。

重回正軌

　　怎麼辦？你有了工作上的法律問題。你的負荷加倍增長，必須有人處理這個問題：他們要麼付你更多薪水，要麼確保工作量相對不變。儘管我們有充分理由認為這個想法有創意上的瑕疵，但這只是一個觀點而已。當事情走到這一步，折衷的解決方案通常是嘗試一下，看看有沒有效。記得我們討論過遊戲開發的迭代模型嗎？並不是每一次迭代都能推動專案向前。但有時，能夠驗證設計無效的組建（build）也極為有用。

　　在這個案例中，團隊在一個較大的遊戲中實現了「卡通創造家」的小

樣品。比利珍視的創意得到公平的機會，有機會實現自己的願景。這也避免了其他人「就是搞不懂」的可能性。

當然，將想法付諸行動需要時間和資金，但這是開發任何遊戲的必要過程。如果比利的想法不錯，組建會證明這一點。如果是時候大步跨過這個障礙，組建也會證明：我們很難再因為一個發揮不了作用的可玩性（playable）爭論下去。

11 變更、修改與創作批評

　　遊戲，就跟多數創意作品一樣，在完成之前都會經歷許多改變。然而，電玩遊戲產業獨特之處是它擁抱迭代的過程。這表示一個作品的發展不見得是一步步逐漸朝向大功告成的路途，而是會有開始和停止、走錯路、做錯步驟、重改和退回、重新整頓想法、放棄重點設定、砍除關卡，在最後一刻冒出新點子等等。這有可能改善一切，也有可能把一切變得更困難。

　　因為遊戲創作過程可能一直處於這種不斷調動的狀態，必須面對大大小小要修改的情形。有時候這是遊戲成形時的必經之路，有時也是因為要發揮創意。

　　研發團隊中幾乎每個人多少都要應對批評。設計師和編劇通常負責給予和接受專案中絕大部分的批評，這也是擔任創意人員最殘酷的一點。

面對批評

　　在電影產業，聽取批評叫做「受點評」（getting notes），這通常是整個過程中最不有趣的部分。因為這表示有更多工作要做，在腦海中反覆思

考一堆東西到頭腦快爆炸為止。記住，除非你的合作對象是虐待狂，不然這對大家來說都是不太舒服的事情。受到批評時，花點時間提醒自己是一名專業編劇。

專業編劇的意思是領薪水來從事寫作。你是為「市場」而寫，而且會產出「產品」。這沒有貶抑的意思。透過寫作維持生計是很酷的事情，但這也表示你要放下先前在「創意寫作入門課」學到有關「隨緣」（follow your bliss）或諸如此類的東西。編劇要關注的重點不在於你的個人感受或是自尊，而是要把事情做好。把這想成是以目標為導向的練習。受點評的時候，主導的是別人、由別人主掌情勢。別人會在這一時半刻的時間內控制你的人生，這能有多慘？我們就來看看最糟的情況。

最糟的情況

你的執行人員很不爽。他口中吐出的第一句話是：「我對腳本有很多不滿」或是「說實話，我們不喜歡這個腳本」，這時我們唯一能夠回應的就是：「那就來改吧。」

如果你有很棒的製作人，他會指出瑕疵的地方，還有要如何修正。不幸的是，優秀的製作人很稀少。事實上，你受到這類點評時，你大概就曉得你的製作人不怎麼樣，因為要是你先前都有按部就班好好完成腳本，就不太容易會落入如此災難般的窘境。畢竟，你已經做好打底的功夫，腳本能出什麼真正的問題？你採用的是通過核可的大綱，而且對場景內容、起始處、結尾處、及中間內容都有共識。這樣看來，真正可能會出錯的是演出方式（staging）和對白。「回到前提設定，」這句話，往往是你最不想聽見、卻又很可能第一時間聽見。回到前提設定的意思就是全部重新來過（「從第一頁重寫」的修正還算沒有那麼嚴重）。

想要了解如何處理批評會最好，那就看看自己都是怎麼給出批評的。當然，在理想的狀況下，大家都很懂得要怎麼點評（通常是有明白了當的

問題闡述和修正方法）。不過，花點時間來了解要怎麼做，你更能掌握怎麼接受點評，並且更進一步應對隨之而來的修正事宜。

P.O.I.S.E.

沒有人喜歡見到自己的作品受批評，尤其那是你投注許多時間、心力和情感在上面的作品。「人人都是批評者」這說法千真萬確，但不見得每個人都懂得如何批判。事實上，大多數人都批評得不怎麼樣。批評眼光這門功夫不僅僅是找出錯誤或自己不喜歡的地方，還要知道怎麼導正創作者走回正確的道路。

你可能曾經應對過一些批評，通常會聽到「我不知道自己喜歡什麼，但我知道我不喜歡那樣。」這是最難應對的點評，提出問題但沒有提出解決辦法。他們期望你在黑暗中掉頭回去，或許等待幸運的一刻降臨。甚至他也不是要你會讀心術，因為他們心裡其實也沒有想法，讀了也有沒用。

提出和接受批評都很講究技巧。記得，批評的目的是要尋求進步，不是把某人教訓一頓。如果你要求修正，要給出能夠得到期望結果的批評才容易成功。

切記，你批評的是作品，而不是人。不要覺得是針對自己，或是針對對方（那些問題就留給管理或人力部門去處理）。我們說的是創作上的批評，所以要清楚區分是在批評作品，而不是創作者。

在點評作品時，最偷懶的方式就是對自己不喜歡的一切唉唉叫，而往往忽略許多完成的成就。不過，創意人的命運本來就比較不公平。給予專業回饋時不要有報復心態，應該當個好楷模。這裡提供五項箴言和優雅的縮寫口號：P.O.I.S.E（讚美、總覽、主題、策略、鼓勵）。我們知道這聽起來比較像是管理人員的說話術入門課，但相信我們，這真的有效。

- **讚美（praise）**：你說出口的頭幾個字應該要是正面的內容，不管整體是什麼感覺。找出作品中的可取之處，就算是影響力不大的小事也可

以，然後給予讚美。要是想不到有什麼可以說，就不必繼續下去了。與其給予批評，還不如乾脆將作品評為不通過，然後考慮找給別人來做。

- **總覽（overview）**：給完讚美，且受批評的作者狀態沒什麼問題的話，接著就要對評論設定脈絡。以大方向思考，問題要歸屬為次要問題或是主要問題？需要大量修正還是只要改一點小細節？基調不對勁嗎？其他人也有表示疑慮，還是只有你這麼想？

- **主題（issue）**：這通常就是談話的主幹。把希望改變的具體細節描述出來。唉唉叫這種事情任哪個廢柴都會，但因為批評的目標是讓創作表現更上一層樓，你要清楚自己想看到哪些地方有所改變。如果找不出哪裡不喜歡，就不要針對那件事批評。「我看來行不通」非但沒有建設性，還引出問題和衝突，卻沒提供解決辦法。要用具體理由來解釋行不通的原因。你也應該要有建議，自己一起上陣。受批評的人首當其衝，你該做的事情就是和他並肩作戰。

- **策略（strategy）**：試試講這樣的說法：「我想我們可以這樣處理下一版的設計稿⋯⋯」這是讓專案朝你希望方向前進的機會。提供清楚且簡潔的導引來達成期望的修正目標。討論看看，你們認為要花多少時間來完成修正。起初能不能先做一些改動，讓大家更清楚最終的修正？例如，如果你要重改一道關卡，裡頭是不是有一個可以先專門處理的固定套路？先把這一點敲定，就能成為接下來其他修正部分的參考。如果改動很多，可能太過讓人難以招架而導致無所作為。應該一次解決一個問題就好。

- **鼓勵（encouragement）**：這是決定專案生死的一步。相當於回到讚美的步驟，但這次是朝向未來前進。「我希望多多看到這方面的表現（任何你喜歡的地方）。」要是你看重他們的作品（你應該是看重的，不然哪還需要批評？）就說出來，讓對方知道他們做得好的地方。告訴他們你有信心他們下一輪就搞定，然後放他們回去繼續做。

接著你要停下來，不要再拖泥帶水。要是對方有任何問題就馬上回答；

但現階段，你已經點評過了，而且能夠帶來正面的結果。你絕對不希望在這時候起爭端，儘管很容易在此刻發生，務必要避免。

> ### 行動要項
> # α 人人都是批評者
>
> 以 P.O.I.S.E 為方針，批判你覺得需要改善的內容，無論是故事、近期看的電影、或是晚餐吃的東西。

處理修正

好的，以理想情況來說，你會在 P.O.I.S.E 原則下接受點評。遺憾的是，通常你作品得到的批評就像是場飛車搶劫，速度快、沒有焦點、有時隨機且無謂地急促。就算發生這種狀況，務必記得，大家回應的大多是創作出的內容，而不是你這個人。所以首要的是，發生這種情況時不要覺得是針對自己而放在心上。把你的創作和自我分開看待。你所想的每個主意，和你在紙上寫的一字一句，不可能每每都是神來之筆，所以要接受對方可能說對的情形。

接受點評時，考慮以下幾點：

清楚辨識問題

明確度很關鍵，不要去揣測別人的意思。如果不確定要實行什麼改變，就開口發問。

協議好新的方向

如果不是雙方都同意這些改變能讓作品變更好，現在就應該為自己的立場說話。花點時間來解釋你覺得一開始那個想法最棒的原因。解釋你做

選擇的邏輯。要是你真心相信自己是對的，現在就是你站穩立場的機會。不過也要注意自己會不會太過固執，尤其當這一切並非由你全權控制。要是你贊同這樣的改變會更好，就要想辦法投入。提出符合新方向的想法。

建立實行改變的務實進度表

這時候過於樂觀可能不是好事。宏觀來看，幾乎所有遊戲開發都會因為在進度、預算、賣點等方面過度樂觀而面臨困境。當大家都希望達到最佳狀態時，很容易就會掉入這個陷阱，尤其如果遊戲是團隊能持續和獲取動力的主打商品，大家會容易興奮到覺得無所匹敵。但是修正經常會帶來沒有預料到的狀況。所以，要是你對改變的幅度有所遲疑，最好照實說出來。畫下確實的標靶，做好調整狀況的準備。

沒有什麼作品是不可變動的

每個想法都可能需要修正。心態要成熟，對自己的創造力有信心，就會捨得放下自己最鍾愛的元素。要是想法很棒卻不能採用，你也別無選擇，把想法留下來之後再用，然後放下它、不要執著。放心，你明天就會想到更好的點子。畢竟，一個創意人如果認為自己最好的點子只存在於過去，那也太可悲了。

維持正面態度

這是最困難的一件事，但如果你想成功實行改變，或許這也是最重要的一件事。別讓負面思緒影響你交付成果的能力。在改變的內容裡找出可以投注熱忱之處，並好好付諸實行。

準備好，這件事會一再發生

不要騙自己說一旦達成這些改變就完事了。要是這樣想，你遲早會再遇到讓你頭痛或天人交戰的情形。事實上，你還得重複好幾次，想法才會

穩固下來。修正是過程中的一環，顯現事情有所進展。抱持這樣的心態，就會更好應對了。

關鍵祕密

對方批評你的東西時，通常會想過要怎麼修改。對方的想法要透過批評才可能獲得採納，因此他非得把自己的想法講出來才行。這一點很重要：除非被好好聽取，不然他腦中的想法就會揮之不去。

製作人或是藝術總監有什麼想法時，你本能上很不想聽，怕會推翻一切。這可能是個糟糕的想法，因為他這個人打從第一天就想把自己喜愛的怪胎想法塞入專案中。你想趕快打發掉這個批評，讓它盡快消失不見，但偏偏事與願違。除非讓他好好表達出來，不然這個想法會成為大家沒有戳破的麻煩深淵。因此，你該做的是把自己的自尊擱在一邊（就算很困難），然後好好聽他說。

一旦想法說出來後，有幾種可能結果：

1. **很棒**：這是個很棒的想法，可以解決你所有問題。
2. **尚可**：這個想法還可以，只是換個方法來做你原本就打算做的事情，而且會添加一些額外的工作，卻沒有更多進展。
3. **有可取處**：有好的地方，也有不好的地方。
4. **很棒，但是……**：這想法很棒，但要多做很多事情。
5. **被拒**：這個想法不被大家接受，且幾乎當場就慘遭擊落。
6. **爛透**：這個想法很糟糕，會讓整個專案翻覆。大家卻還覺得很不錯。

好好聽取想法

我們不需要特別講結果 1，這是皆大歡喜的結果。需要分析的是結果 2 和 3。你聽了想法後，執行其中有效的部分，並捨棄無效部分。記住，

你不用在當下就做決定。可以多想其他二十種比較好的講法來表達：「我再想看看。」先排除壓力，因為當下很可能會有創意轟炸。一步一步貫徹整個想法並實行後續的工作。

之所以要花時間來思考，主要原因之一是通常會有個合用的「癢點」。癢點指的是要讀出弦外之音。當某人表示有癢點時，必須多多注意。通常，止癢的唯一辦法就是去搔癢，意即找出實行的辦法。他提出的想法本身可能行不通，但同時可能指出了問題或是想要抓取的機會。要是你退一步思考看看，可能會想出辦法來利用好的地方並廢除不好的地方。在重大想法上，幾乎都可以延後決策。

4 是最麻煩的一個，這幾乎算是道德問題。要是有人在中途想到很棒的點子，因而帶來額外的工作分量，代價誰來負責？要是你重做一大部分已核可的內容，勢必得付出自己的時間和心力，或是由公司支付你更多費用來償付。又或者，你可能覺得這些修正內容有很戲劇化的轉變，最終對遊戲有很大的效用，並且相信自己現在做的會成為熱銷款。於是我們在將這一點，和突然要產出新內容的工作負擔之間進行衡量、取捨。大家都希望自己的履歷上有熱銷作品的佳績，所以你要自行判斷。

5 很直白，這就是失敗品。我們能做的不多，頂多就是同情地點點頭，同時鬆一口氣。

接著來看 6，最令人害怕的來了。因為這個點子，你很想把對方逐出討論串，或是想要掐死他。你最討厭這個可能會摧毀一切的想法。它有足夠的優點所以大家都很喜歡，但竟然沒人看出來、或是在意它可能引發的災難後果。你的本能反應就是去做最顯而易見、有知覺感受的人自然會做的事情：站出來，火力全開，告訴那些傢伙這個點子有多蠢。如果你沒有經歷過，可能以為這不常發生。但我們要在這告訴你，這可是家常便飯。開發過程有一半的機率是近身肉搏，大家開始吼叫、情況失控，致使專案陷入危機。

解決 6 的唯一方法其實就是保持冷靜。好好說明，看看這個點子會把

專案帶往哪個方向、對局勢有什麼影響：要增加什麼、取消什麼？討論它對遊戲開發的衝擊。如果要找一個提出折衷辦法的時機，那就是現在了。你知道這個點子最核心的用意是要完成什麼嗎？可以的話，或許你能找出另一個能夠達成同樣目標、但損害波及較小的替代辦案。

如果情勢跟你希望的不同，那就撤退吧。戰爭中，軍隊有必須這麼做的時候。你必須撤退才能重新整編。你在接下來會議期間的應對方法就是表達：「讓我再多看看怎麼處理這點比較好。」然後只要聽其他人說的話、記下筆記，這樣就能巧妙退離情境。你參與其中、有事情在忙，但避免跟人眼神接觸和透露自己的想法。而這些筆記之後可能會派上用場。把一切都記下來。誠懇認真地去了解。要明白專案可能真的出了大問題，並且接受自己無法提出讓大家驚艷的做法，而原因可能就在你身上。

歪理滿天飛

有時候多少會遇到其他人跟你提出關於遊戲設計、寫作、故事、或一堆天曉得是怎麼來的瞎說歪理。電影界的歪理像是：「使用鵝毛筆的電影不會成功。」當然你會反駁說：「那《神鬼奇航》（Pirates of the Caribbean）呢？」得到的回應可能是「那是因為神鬼奇航有主題公園的玩樂設施」這可能會變成愚蠢的爭論：「所以你想表達什麼？沒有主題公園卻使用鵝毛筆的電影就不會成功嗎？」

在遊戲界，我們聽到的歪理則像是「大家都不喜歡配音」或是「我們不能對玩家隱瞞祕密」等等。我們確實同意玩家不喜歡沒有妥善安排的配音，但如果配音得當，通常就沒問題。還有，如果你能好好經營遊戲中的某些時刻，給玩家一些驚奇，何樂而不為？

你可不可以製作一款《靈異第六感》（The Six Sense）遊戲，一直到遊戲結尾才告訴玩家布魯斯‧威利（Bruce Will）的角色其實早已死嗎？當然可以，而且玩家如果順利發現這個震驚的事實，會深深著迷、感覺值回

票價。不過，有許多遊戲製作人只會死板板地用一句話打發，像是：「玩家一定要知道他死了，不然就是在欺騙玩家。」好吧，一句話就完全打消了這個念頭，除去了它的價值。是什麼扼殺了你的傑出點子？就是歪理。

設計遊戲時，你會聽到一些人說：「大家都會直接按按鈕跳過動畫畫面。」確實是有這種情形。對於自己不在乎的主題和角色，大家會跳過冗贅又充場面的動畫。但沒有人會跳過頒獎的榮譽時刻，除非他已經看過很多次，或是太麻木而需要更多腎上腺素刺激。

只要知道動畫在遊戲中的用意，大家都會喜歡這個元素。所以我們不得不承認，面對現今許多遊戲既冗長又不連貫的開場動畫，一方面令人嘆為觀止，一方面又令人膽顫心驚。

稍微解釋一下這是什麼狀況好了。

大多數遊戲一開始都很有企圖心。接著故事展開，許多不同的遊戲玩法設計出籠等等。動畫寫個沒完、關卡陳列開來，而要在不同關卡間傳述的故事必須先設定好。我們自己也常遇到這種情形。突然之間，要深入講述的四個故事場景，全都塞到遊戲的開頭。

我們遇到上述問題，於是拚命想辦法來解決。一個可行辦法是拆解遊戲玩法，在原先沒預期的地方安插新的場景。四面八方的反對聲音絕不會少，一般來說你可能會沒辦法講贏。要不場景被砍，故事變得前後不通，使開發人員皺緊眉頭；不然就是被根本不負責剪輯決策的人大幅刪減場景。面對這些歪理萌生的根源，你得發揮創意來解決問題。

進行通關測試

你知道「不可能任務情報局」（Impossible Mission Force）是一個講究精準的組織嗎？正因如此，主角韓特（Hunt）會照組織對他需求的評估來執行任務，不多也不少。每個關卡開頭，韓特的庫存欄應該嚴格受限於關鍵的裝備。實際上，庫存欄只要出現一個物品，這物品就會成為該關卡玩

法的線索。在大眾市場遊戲中，我們可不希望玩家在四百件物品裡尋找怎樣通過一扇門。我們希望他能行動順暢。如果物品是針對任務而設計，那用完就要丟棄。因此我們認為每個決策都要經過通關測試。

• 這是「不可能的任務」嗎？
• 這是針對大眾市場的主機平台嗎？
• 一般休閒型玩家不靠作弊會玩嗎？
• 有懸疑效果嗎？
• 在預算和進度內製作得出來嗎？

如果一個點子無法在每一題都得到「是」的答案，就通過不了測試而判定失格。

> **行動要項**
> ## β 建立通關測試
> 依照你想創作的遊戲，列出五點必要考量的項目。這些會是決定作品的核心評比標準，所以要好好思考。

當固定成員的創作視野不一致

你一開始抱持最佳的意圖，但在過程中，團隊決定走上不同的創意道路。就算你努力說服，他們還是堅決要走新的路線。這時候該怎麼辦？那就要看你有多想（或需要）待在這個專案當中了。從你的觀點看來，案子出了嚴重的問題。修正要花很大功夫，而且不太可能會有完美的收尾。你得決定要不要繼續留在這個專案內。假設你要留下，就得重新整備和重新組織來採取守勢。撤退時愈有秩序，愈有可能順利重組。要是對話變得激烈，你也只能勉強在專業攻擊中摻雜一點個人怨氣。注意，不要得罪別人。

不管你要走要留，有序的撤退都包含要誠心傾聽、給予讚美、和展現謙卑。這時候能做的頂多就是說出：「我不是很明白這麼做的用意……我

們一步步來看吧。」要是你能喜怒不形於色，就可以省略掉「不是很明白」的部分。如果你可以掩藏自己對後續發展的不滿，長期來說會有好處。一旦知道自己需要知道的事項之後，盡快跳到「我們再想看看」，然後面帶笑容離開會議室。走出會議室之後，就要馬上決定自己還要不要繼續這份工作，也就是要一併考量現實（要付房租）和抽象（我不希望成品寫上我的名字）這兩方面的問題。

你的決策過程會包括許多個人和職涯的考量，但最終還是要做決定。假設你決定留下來做這份工作（而且出於你自己的意願），那你就要完全擁抱新方向。換句話說，要拿出專業表現（有人說這像是賣身的娼妓，但我們會說是領錢辦事的傭兵）。

幸運的話，你可能會跟其他人一樣看見新方向的價值。這也是為什麼不要急著做決定，因為大幅改動通常沒有你所擔憂的那麼嚴重，尤其當大家都了解顛覆先前想法的代價。有時候只需要幾天時間，大家就會領略到，籌劃期聽起來很不錯的想法，實際上很難真正實行。

如果你決心離開專案團隊，就放寬心吧，你不管再厲害也不會適合每一個專案。就像莎士比亞寫不出《海綿寶寶》（SpongeBob SquarePants）的劇情一樣，你不見得適合每一支團隊。就算你不是超級運動迷，也會知道運動員可能在某一隊表現出眾，到了另一隊卻差強人意。這件事並不一定反映出你的才能或品格，抑或是個人魅力。

或許團隊裡真的都是一群傻瓜，或許裡面有你沒看見的隱藏原因，像是辦公室戀情所導致的糟糕決策之類的事。無論怎樣，這只是一次不順利的專案。盡量從容離去，避免未來再受傷害。

自發修改

在開發期間，你的職責通常是強化和改善遊戲而不要破壞原先的成果。當一款遊戲進入發展階段時，往往就進入最脆弱的時期，有很多可調

動的部分。到了製作流程的這個階段，點子分為兩種作用：發揮潤滑效果讓卡住的齒輪突然轉動；或是像沙子一般填入齒輪中把整個系統塞住，讓一切停頓下來。就算是好的點子，如果沒有經過好好整合和避免大的問題發生，也會讓整座機械停擺。

　　察覺這點很重要，因為如果你選擇參與其中、提供不是團隊原先發起的點子和建議，你要知道這麼做可能會帶來的後果。你可能成為英雄，也可能是狗熊。所以，在決定要不要把自己主意納入之前，要謹慎思考。

　　如果你真心認為自己提出的修正方案能讓企畫變得更好，那你就有義務提出來讓團隊關注這些想法，並處理可能伴隨而來的影響。記住，批評通常不是你該做的事情。不過，如果有時候你覺得在道義上必須說點什麼，那你應該向決策者做出清楚直白的表示。如果你只是想要說說自己偏好的一點意見，並不會大幅加強遊戲或是玩家體驗，建議你多花點時間思考怎樣才對遊戲最好、怎樣對你自己最好，以及團隊伙伴對你的貢獻會有什麼想法。

創作恐慌（希望不要發生）

　　無論你多麼情緒穩定、在事業表現上多麼經驗豐富，還是會有陷入恐慌的時刻。這種感覺是不知道該怎麼辦，腦海中想像自己建立好的設計和腳本結構會崩塌毀壞。你眼前堆疊繁重事務，做出來也不會有好成果。恐慌發生時，你不知道該提交什麼，而且不管自己重複多少次問題，也沒辦法看清該怎麼做才正確。

創作恐慌的暗藏本質
編劇遭遇恐慌時，最糟糕的莫過於走向兩個不利生產的情境，一是缺乏興致，二是缺乏行動。

　　缺乏興致，你失去在意的心情，這反映在你寫的內容裡面。熱情轉而

被想要盡快處理、扔出去並送走的強烈意念所取代。拿錢辦事的雇傭性質沒什麼錯。事實上，我們也很支持報酬這件事。但是在創意的展現上，就不能抱持這種心態。你得在專案當中找到自己想要守好、能激發想像力，並且能重新燃起興致的事物。

我們遇過許多專案處在原初編劇或設計師明顯放棄的情況。你幾乎可以看得出來他們從哪一頁開始變得漫不經心，只想要草草了事。千萬不要讓自己也變成那樣。

恐慌的第二個不利情境是缺乏行動。此時，你感到憤怒和困惑，像是自己漂漂亮亮的玩具毀於他人之手，讓你再也不想玩了。於是你停滯不前，這是編劇容易為自己創作卡關找的藉口。

你必須問問自己：一個編劇如果不再寫作，那會變成怎樣？最艱辛的一項工作，就是讓大家都以為能勝任我們的工作。記住，世界上有太多打算以寫作維生的人。要是你不再產出新的內容，就等於留下空缺，進而被取代。結果只會更加混亂，所以千萬別讓挫敗感拖住你的行動。

這時候，你必須拿出自己的專業來克服身為難搞創意人的事實。長期下來，接受這情境並積極找出解決辦法，你會得到更多來自團隊、製作人、發行商、和開發人員的敬重。不管你相不相信，修改過後都會有所改善，而且過不久你會發現新方向其實很令人期待，那些你原本不想玩的玩具也都突然閃耀著嶄新的光芒。

如何重新整備？

要脫離恐慌的最佳辦法，就是重新整備並規劃正確的下一步做法。你得像是一位優秀的將軍，籌劃有序的撤退行動，接著再預備下波攻勢。用筆記寫下你當前的所在位置，以及你想達到的目標。有寫日誌習慣的話，就可以從這種顧及隱私又自在的記錄方式著手。重新整備的方法：

• **清楚辨識出問題**：往往，你看到的問題都只是冰山的一角而已。譬如，表面上是主角的動畫遭受批評，但真正的問題是大家都不喜歡那個模型；

或是，遊戲感覺很遲鈍，但其實問題出在控制器的繪圖故障；抑或是，大家不喜歡事件對話，其實是因為工作人員暫時充當配音員的表現不到位等等。

- **對解決辦法形成共識**：確保每位受影響的團隊成員表達他們的意見。建立應變計畫以免第一個解決方法失敗。

- **設立時間線，讓遊戲回到正軌**：最令人氣餒的就是問題一直沒完沒了下去。不要讓恐慌加劇，不然會危及整個專案。

- **預備好接受失敗**：這並不容易。要是問題無法在合理的時限內解決，就要準備重新設計、重新撰寫、重新概念化，並且重新編寫程式來應對問題。在現實情況下盡力爭取最有利的情勢，然後推動專案重新向前邁進。在未來的開發過程中，可能會需要再回到這場戰役，不過現在就有場硬仗要打了。明確而有決心的行動總是能緩解創作上的恐慌。

　　勞倫斯．岡薩雷斯（Laurence Gonzales）在《冷靜的恐懼：絕境生存策略》（Deep Survival: Who Lives, Who Dies, and Why）中說道，歷經沉船或在荒野迷路的災難後，最應該做的就是振作起來，找到「正確的下一步」。當你在專案中陷入恐慌，這件事特別重要。

　　然而現實殘酷，遊戲編劇很少有決定權，就算有也不太會去使用。做為替代方案，正確的下一步牽涉到要滿足團隊的需求，也就是把他們帶到安全的地方，因為問題發生的當下已不適合做些什麼，而且這時環境很可能就要發生真正的麻煩。

　　就算是由你來控制專案，公然展示自己的權勢也很難帶來期望的結果。擺弄權力往往只會樹立敵人。

反思自己的創作恐慌

寫下你所經歷過的創作恐慌，以及你如何克服。想想看恐慌的原因：不安感、對於失敗的恐懼（甚至是對於成功的恐懼）、缺乏渴求、失去興致、對於交付項目感到困惑、壓力過大、甚至是和合作對象有摩擦。坦承接受並且寫下來，因為非常有可能某天又會再遇到同樣情境。現在是問題發生前好好面對的機會，很可能避免日後問題再次發生。

遊戲編劇的創意策略

雖然編劇行為並不是憑藉暗中瞎搞，但有時候背後的創意流程卻是如此。編劇人員形形色色、各有千秋，就好比轉化不同軟體系統的方法不計其數一樣。儘管如此，你基本上還是希望能打造公開透明的環境。也就是不要有暗藏的計畫、沒有紀錄的對話，或是其他任何祕密。

公開溝通

透明化的一大要點就是不斷溝通。每次有一點進展，都要讓團隊看到你在做什麼。就像我們很愛說：「不要製造驚喜。」有時候在繳交大綱後，你的客戶會說：「好，那等你寫完後傳一份給我。」你可不要真的等到最後，最好完成前幾個場景就寄給客戶過目。要是你對於角色的詮釋、格式、或任何事項有問題，最好在前十頁就搞清楚，而不是等到都寫了一百頁才來反應。

律師通常把這種手法稱為「光天化日行事」。在過程中確保每個人都得知消息，基本上就同時做對了兩件事：確保所有人同步接收到你創作的內容；並且建立起回饋迴圈，在內容整理出來時能進行修正和改動。

注意，我們可沒說這麼做就能讓你免於大出洋相，因為這件事不用說也知道啦。

縮小交付成果

與其交付一個碩大成果，不如以每週或隔週為目標，提交一系列比較小型的成果。團隊通常會希望這樣行事，所以要容許彈性作業並界定出一套行事結構，幫助自己錯開工作的負擔。

確保團隊和你的狀況從頭到尾都維持一致。讓他們知道你正在做的事情還有這麼做的原因。如果遇到問題，要告訴他們；需要協助，也要提出來。還有，也請他們用同樣方式對你。就算不可能凡事保持透明，幾週或幾個月後要是發現什麼問題，你也會比較容易進入狀況，協助解決。

決策過程

在創作過程中，你的目標是將完全主觀的事實變成客觀的事實。也就是說，把你認為的「酷炫」想法變成大家公認。靠著說服或是強迫是沒辦法成功的。雖然有熱忱是好事，但光靠這點還不夠。堅持是美德，但也可能令人生厭。最後，這一切都牽扯在一起，但想法本身的優劣會決定它是否值得追求。

主觀事實變成客觀事實，就像是民調和選舉之間的差異。團隊觀點（或團隊重要人物的觀點）不再只是意見，而是共享的事實。大家都同意，就不能走回頭路了。團隊人員認可這個想法值得實行，然後繼續向前行。要是有人想回過頭來改變已經得到認同的基本事項，就得要面對反彈。

跨過重重關卡

假設有團隊成員向你提議《來自海王星的酷屁大王》（SpankLord from Neptune）這款把比基尼美女與外星人結合的刺激遊戲。在他心中，

這是一款有著優秀故事的優秀遊戲。要是你喜歡（某些地方不錯，某些則有所保留）的話，你可以把它界定成「有潛力」。接下來，就是讓《酷屌大王》跑一遍決策過程，來看看它究竟能不能成案。

過程分成幾個部分，就算你知道內容，你還是會很驚訝地發現專案之所以會被毀掉，通常就是因為有人拒絕正視必要的步驟，或是直接跳過某個步驟。

以下是我們一直順利採行的流程：

- **提出相互牴觸的觀點**：每個專案中，總會發生立意良善的人彼此意見不合的事情。事實上，這樣的情形時常發生。這些衝突等到遊戲聚焦後通常會自行解決，但有時也不盡然如此。衝突是過程的一部分。為自己的點子辯駁和彼此辯論，能一來一往共同調整出更好的專案。這可能花費三分鐘、三小時，也可能花上三天。重點是每個人都有說話機會。核心問題必須得到解答，還有做出及時的決策。要是有必要延長時間以尋求更多資訊、執行階層的核可或是意見等等，就要盡早將進度安排妥當。不過，不能因為有所延遲而拖慢了行動。這時候，時間就是敵人。

- **在光天化日下討論點子**：跟先前說的一樣，要維持公開透明，不要私下暗藏。對某些創意工作來說，私下討論確實有需要也有其價值，但遊戲開發不在其中。過程中盡量讓多一點人參與，這通常表示團隊的關鍵領導人、公司的主要創意人員，還有製作人，以及管理部門的代表人員或許都包含在內。多涵蓋各式各樣的人員。要是有人不想要參與進來，他們會讓你知道。不過要注意，你讓許多人參與在流程中，並不表示人人都有最終決定權。要是每個人都有反對的權力，局面很可能大亂。不過，要是讓受決策影響的每個人都有機會說點什麼，儘管只是對結果表示一點意見，都能使最終結論更受到團隊的支持。

- **傾聽每個人的意見**：參與這場爭辯的每個人都要有機會好好表述心中的其他想法或是補充做法，這時不要對他們語帶嘲諷。這是觀點互相牴觸下的一種變化，因為不是每個提出來的選項都會跟其他意見對立。有時

候，你還會因為他人提供了豐富選項而感到不好意思。

- **適時決策的需求**：負責按下板機的人必須做好準備，還要有意願。無論是正式（像是每週會議）或非正式的時機，都應該要有直接而公平的流程。決策要明確清晰，而且宣布時要確保大家同一時間接獲結果。

繼續向前

一旦做完決策後，團隊就要重新匯合。通常在某個爭論上輸掉的人會感到不滿，而要是勝出的人缺乏風度，對方的不滿就會升高。如果不希望在專案中引來不必要的混亂和衝突，就要盡快度過這個階段。

要是決策不合你意，不要強求情況照著自己的方向走，不要唉唉叫。不要把舊的想法重新包裝後又再次提出。結束就是結束了。當其他人都已經另闢途徑時，如果你還是強推計畫，不僅累人，也白費力氣。

相反地，要是你是勝方，喜孜孜的模樣就免了。你可不希望敗下陣的人對你報仇，因為這確實很可能發生。你該做的是確保對方離開會議時，仍然對整個專案抱持熱忱，這才是最棒的結果。

核准

事項一旦經過核准，往往就無法再推翻，這對發出許可的人來說更是如此。通常一次決定好就不太適合再次改動。

遊戲產業的核准流程會因為開發者和發行者的不同而有巨大差別，但他們通常都有「簽署」的安排。要理解那是什麼、怎麼運作，以及對你的交付項目會有什麼影響。實務上，團隊內的核准事項幾乎都是口頭進行，而執行人員和許可人員的核准意見則採用書面方式。

記住，事情通過核准不等於就已經完成，可以丟到一旁。核准以後常常還是會有變化或是改動。無論如何，要改動已經核准的事情茲事體大，因此不能等閒視之。基本上，除非真的有必要，不要輕易再改動已經通過

核准的內容。

遊戲編劇在團隊中的地位

　　遊戲設計師不可能一夕之間就完成設計，編劇也一樣不會從構想直接跳到完稿。他們必須醞釀遊戲的前情提要、節奏表、大綱、角色細節拆解等等。意思是，他們要歷經一段時間以產出眾多內容，而且是在開發不中斷的情況下進行。

　　如果你是專案團隊的外聘人員，獲聘後第一件該釐清的就是其他人對於他們自己並非編劇角色的態度。團隊中有人自認是編劇嗎？設計師或團隊其他成員經常會鋪陳最初的故事和角色，所以你等於是取代或補充其他人的工作。雖然大家都同意一開始的設定只是「暫定」，但創作者已經對故事內容有所投入，而你就得面對這樣的狀況。如果你夠幸運，最初故事在設定時就有許多可以運用和加以發展的寶貴想法，那最好的做法就是把潛在的競爭對手變成合作者。

　　在實務上，把專案中的每個人都變成合作對象是最棒的事情。電玩遊戲比其他娛樂媒體還需要團隊合作。在拍攝電影時，不會聽到道具組對演員表現提出評論；然而在製作遊戲時，無論會不會直接影響到他們的部門，3D 建模師都很樂意（也受到鼓勵）對遊戲的創作元件發表評論。如果你想在遊戲產業裡生存，就要擁抱合作的精神。單打獨鬥的人很難成功製作遊戲。

遊戲編劇的界線

　　不管哪一種創意工作，對每個人設下界線是很重要的事情，包含外顯和內隱的界線。依據你的情況衡量，遊戲編劇可能是團隊中暫時的周邊成員，也可能完全融入專案的開發流程。無論你的參與程度為何，都要對界

線有概念才行。

團隊內部和開發流程的各個層級都有界線存在。團隊有階層關係（你能與某些人對談，但找某些人對談則是冒犯），創意和製作也都有界線。

團隊階層

雖然遊戲產業表現出輕鬆隨意的模樣，但只要涉及人員的組織，就會有正式和非正式的階層。開發團隊也不例外。身為編劇，你會接觸專案中許多不同的部分，所以很難有一個符合組織章程的定位。也就是說，理論上你能跟任何人對談，加上你處理的是貫穿遊戲的核心內容，你可能會與團隊的所有領頭主管接觸。確保你在推銷想法或是處理創作問題時，不會不小心就繞過某人，而直接去找更上位的人交涉。

幾乎在任何情況下，你都要去向專案的製作人打招呼，你要找誰對談以及對談的內容都要知會他。如果遇到問題，就讓製作人決定最好的後續做法，或是要採取哪些行動來解決衝突。

創作界線

如果你是以自由工作者的身分進到團隊，很少會從起始階段就加入。通常都會有一些已經預設好的事情。譬如，《赤色冰原》（Red Ice）是場景設定在北極的軍事冒險故事。行銷語言和設計文件都是如此寫道。也就是說，不會有人想聽你發表有關「熱帶風」的意見。

不過，團隊成員很可能會有某些特定偏好而想保留下來的「私心愛好」。「私心愛好」是指一個人珍視而捨不得放手的小點子。不管喜不喜歡，我們都會有這種偏好，好比將遊戲場景設定在底特律、給主角一個名叫瑞芬的女友、或讓他在遊戲中使用火焰噴射器……任何設定都有可能。

重點是，如果你不小心毀棄他人的私心愛好，比較好的狀況是對方以後會對你保持疏遠的合作關係，最糟則是你被踢出專案還不明所以。因此，要盡可能去了解哪些能碰、哪些不能碰，也就是要多注意大家所重視的點。

辨識出各個團隊成員的私心偏好，如果你能維持創作內容的完好，就把這些意見納入你的寫作內容中。雖然這感覺起來好像是在利用遊戲的創意內容玩弄人情，但事實上，找到能夠納入大家私心愛好的創意方式，會使遊戲變得出色許多。人對某些點子執著不無理由，若能將私心愛好適度且優雅地融入遊戲的設計和故事當中，遊戲體驗也會大大增強。

至於在團隊階層中，別忘了尋求製作人的指導建議。此外，首席設計師通常是對創作議題擁有最後話語權的人，所以在尋求如何與團隊對接創意時，也要聽聽他的回饋意見。

製作界線

要盡全力把商務和創意事務區分開來。你（或是你的代表人）勢必會遇到有商務相關人員來處理你的合約和安排支薪方式。除非有重大議題要處理，否則不要把任何商務議題帶到團隊中。在多數情況下，他們不會插手這檔事，也認定事情已經處理就緒。還有要知道，合約總是會等到天荒地老才搞定。不要想著今日上工、下週就能領薪。有了口頭協議後，通常大概要抓個八週時間才能實際領到款項。

雖然向製作人抱怨簽約時程耗費過久很有效，但也可能引起團隊和專案事務間的衝突，反而幫了倒忙。我們已經提過了各方面的界線，最好的辦法就是保持常理判斷。要是因為擔心找誰談話會有問題而有所保留，這本身就足以讓你心生警惕，更要謹慎而行才是。

出狀況的時刻

事情順利進行時，問題處理起來很容易。遊戲產業不像那句俗話說的「東西沒壞不要修」，我們這裡通常是「事情順利就來搞破壞」。這使得整個情況不是大好、就是大壞。

政治化妝術

不論你喜歡與否，我們活在一個必須要有「政治化妝術」（spin）的世界。政治化妝常常被解讀成說謊，但這不是我們要的意思，這反而是一個避免負面情境的最佳角度。若非奠基於事實，政治化妝也不會成功。通常，政治化妝沒有奏效的話可以用「創作差異」來解釋。

業界人士都同意，厲害的人常常會有不同的思考。政治化妝術無關能力高低，也沒有誰對誰錯，只是要避免讓有關的各方做出負面詮釋。為什麼需要政治化妝來擦脂抹粉？因為不管你怎麼做，都會有競爭者和敵手，而現實是，遊戲這圈子很小，大家很容易會再碰頭。

競爭

你的競爭對象不見得是敵人，這點很少人知道。事實上，競爭對象和敵人完全是兩碼子事。競爭對象只是跟你做同樣事情來獲得生計的人。他們通常會競爭同樣的職位。有時候會針鋒相對，但其實這個情況很少見。這可能使某些人成為敵人，但通常競爭者會集結起來形成公會、交換契約策略、和分享寫作訣竅。

某些方面來說，這就是我們遇到的狀況。我們兩人是業界活躍的編劇和遊戲設計師，你可能會變成我們的競爭者。我們認為這塊市場大餅足夠大家一起分享，加上良性競爭也會讓人更努力精進。更何況，不好的競爭者也不會讓我們的工作變得更辛苦（其實反而會輕鬆許多）。

敵人

就算不是故意的，每個人都會樹立敵人。再怎麼努力避免，也阻止不了這件事發生。任何處理創作的人在工作中總是會樹敵，在想法滿天飛的場域工作自然是如此，因為主觀意見很重要，熱情會高到炙熱灼人的地步。

一個全然崩毀的失敗專案會為你帶來敵人，但有時非常順利專案也會因為爭搶功勞而樹敵。成功比失敗還要難以掌控，而且許多熱門遊戲都造

成嚴重對立。有些成功的開發人員會出走，自立門戶以製作某款熱銷遊戲的續作。

最神奇之處在於，這可能導致奇特的伙伴關係，尤其當同事和競爭對手與先前的敵人合作，結果開發出怪物級的產品。這種情形比我們想得還要頻繁：因為，想要做出精彩遊戲終究是業界所有人的渴望。而能夠做到的人，比起其他娛樂領域還要少。

避免在開發過程中樹敵本身就是一門藝術。但最重要的是，你想要做出精彩的遊戲。如果這表示一定會造成某些人不開心，你得學習出手輕一點。身為遊戲開發的一員，在創作需求和社交需要中間取得平衡是一大重點。學習做好這點，對你的事業、信譽、和心理健康都會帶來很大的益處。

12 言歸正傳

藝術是門生意

我們在刺激的產業裡，做著刺激的專案，滿懷興奮。人們也好奇這個產業、想問你一些問題。你不會耍賤回說：「才不能告訴你嘞」，因為那麼做就好像在說「你不是我們小圈圈的一員。這款遊戲比我們的友誼還要重要。」但同時，你也不想要違反契約。因此在法律上，你要確保已公開遊戲有哪些可以談論的話題。你可以談及非保密的內容。不然你可以這麼說：「是這樣的，我很想要和你聊，但規定上沒辦法。」或是「目前還不知道。」這些答案聽起來很無趣，但至少有禮貌，而且通常對方會能接受。

考慮事項

與律師和會計師商討是否應該成立公司。成立公司便要處理複雜的法規和稅務事項，你應該要視情況來做決策。肯好自己的社會安全號碼和聯邦身分證號碼（編按：此為美國的狀況）或相關資料，因為當場能知道的話，就能省下傳真和電子郵件聯絡往來的功夫。此外，還要記得公司成立

的日期，並把銀行號碼記下來便於轉帳使用（這是國外公司喜歡的付款方式）。在你合作的公司中，你是和誰簽約的？是開發商、出版商、或是第三方？你要知道支付款項給你的人是誰，因為那就是你要協商的對象。

雖然這聽起來有些奇怪，不過你也需要知道專案的名稱，就算只是作業時的暫用名稱。掌管創意的人是誰？這專案是僱傭性質，或是你賣給公司的原創作品？如果是前者，你很難獲得掌控權。但為了保護自己的名聲，或許也能要求對方在修改內容前先詢問過你意見。如果這個遊戲是原創作品，或改編自你撰寫的書籍或劇本，你應該多少要握有對專案的核准權利（能得到這樣的權利是好事）。

美國編劇公會

查詢這家公司有沒有加入美國編劇公會（Writer's Guild of America，WGA）。有的話，你就該簽署 WGA 的制式合約。遊戲編劇可以加入該公會和辦理健保及退休金。這對二十幾歲的你來說聽起來可能無關痛癢，但有朝一日這會很重要。詳情請參考 WGA 網站。目前，WGA 提供單頁的合約樣本。這對開發商來說並不費事，卻能對你有所幫助。你可以請他們下載來使用。

交涉工作協議

拿到工作後，規矩就很重要了，因為這是正式簽署合約的時刻。這件事情都能寫一本書來仔細談了。可以的話，請一位對這個產業有經驗的經紀人或律師來幫你處理簽約事宜。但就算到了那階段，簽約也不是可以「做了就不管」的事。你要注意合約內容，因為一份好合約代表著一大筆金錢和日後的福利；壞合約則表示許多頭痛問題將接踵而來。合約裡會有不少可調動的部分，你會希望這些地方盡可能往對你有利的方向修改。

工作範圍界定

在互動遊戲這個領域，你的工作範圍會是一大議題。往往，沒有人真的知道他們向編劇要求多少的工作分量。在實踐專案時，你得預期將有很多一來一往的交流。也就是說，必須準備好給予，並且在專案超出預期的規模時，做好劃下界線的準備（記得，設計上的一個小改動，對你來說可能會牽動許多事）。抓好一個大概，像是四十分鐘的動畫畫面，還有一百頁的遊戲內對話和大綱、人物介紹等等。

花點時間來計算，確保要是有重大更動，那麼與製作人之間的這份君子之約要能再另外研議。

收付款事宜

你需要設下付款時程。當然，你會想盡可能多拿一些預付款。你能預期對方只會在成品驗收通過之後才付款，因為這通常是他們與開發人員的協議。但編劇不應該比照這種成品驗收通過才收款的方式，因為自己的作品會不會受到喜愛不是自己能夠控制。編劇應該在繳出達到專業標準的成品時收款，且開發方應有權終結合約，他們會根據作品是否按照進度完成來付款。動工時先收取一筆訂金，後續再付足各階段的款項，這麼做是有好理由的。

如果你是自由工作者，開發方會希望你用他們支付的經費來執行專案。如果款項後付，他們真正給你的薪水其實是用來支持你去找新的工作。這無法支持你在編劇期間寫出最好的作品，因為這樣編劇在做專案的同時還要艱辛地想辦法湊齊生活開支。

專案起頭時支付半數款項，交付成果時支付另一半，通常算是公平的做法。有時候，專案變化很大，需要編劇提供很多服務，這時候編劇會想要要求每週支付款項。

身為自由工作者，你同時也會經手其他專案。但你一定要恪守交件期限。不能讓遊戲開發商或是任何人認為你因為其他外務而影響到他們的案

子。基本上，你可以公開談到其他案件，但具體的內容應該要保密。

可用時間

你賣給遊戲開發商的商品之一是你能提供服務的可用時間（availability）。他們應該預期要為此支付費用。專案進展很常會因為與你無關的因素而放緩或延遲，但你的權益不該因此受損。「期滿日」（outside date）表示只要你完成了你負責的部分，就能在某個特定日期收到款項。要有心理準備在收款後還要補交部分內容給對方。

核准

就算你是在交付作品時就收到款項，也該取得某種形式的核准通知，或是核准期間。這是為了避免你在收款前還得沒完沒了地一直修稿，或是無止盡等待而不知道作品到底會不會獲准的風險。交付內容一旦獲准之後，任何修改的費用都應該由對方負擔。

這點是因為我們都知道一定會有許多你無法控制的改動，而你不可能每次都回過頭去重談合約。你要做好提供幾次免費修改的打算，但也要有「到此為止了」的堅定準備。

不妨也在合約當中附上核准者的名字。因為你要知道決策是由誰來決定。這部分通常不會在專案中談到，但如果可以知道對方身分是件好事。不僅僅要知道是哪個人或哪些人負責聯繫核准決策，也要知道核准的流程。他們是外派人員嗎？還是授權方呢？要是你能同步跟進核准團隊的狀況，就能避免一些令人心碎的時刻。

工作人員名單列名

列入工作人員名單（credit）也是一項報酬。把你的名字放在遊戲上頭（就算是有瑕疵的遊戲），通常總比沒有提及來得好。這點必須大力爭取。

要是他們不保證會列出你的大名，你也要讓自己站在「優惠國」的高

地上。也就是說，假使專案中有其他跟你從事類似工作的人列名其中，你也要比照辦理。

對你來說，工作人員名單的列名就好比錢財一樣，必須認真看待。你的名字會出現在哪？遊戲裡頭？遊戲開頭？遊戲結尾？外盒包裝？手冊上面？網站上？找出答案，並盡可能為自己爭取最好的情況。

列名不會花上任何人的錢財，頂多就是幾像素的畫面或是一點油墨。但要是你為此工作了好幾個月、甚至好幾年，結果只放了別人的名字而沒有你，這對你並不公平。我們就有過這種經歷。當然，公平是雙方面的事。要是有人付出很大功勞，想辦法讓這人有所獎勵。要是有所爭議，就參考WGA標準，並盡可能說明你的立場。列名一事非常重要。

未來的合作機會

對於未來的合作機會，一般人都很不喜歡直截了當地給予什麼保證。但如果你發現自己表現得超乎預期不少，最好試著開口向對方提看看。「我知道你們的預算有限而且還需要更多這樣的內容。很希望在續作時我能獲得第一順位的合作機會。」透過這種給對方面子的說法，對方將很難拒絕。

要是他們給不了你金錢，自然也會有其他補償你的方法，你要知道自己可以提出哪些要求。

在協調合約之前先著手動工，整個局面會對你比較有利。在還沒簽署完成之前，作品是你自己所擁有。與人商議購買你的著作權，跟僱傭關係的商議大大不同。這不是在耍心機，而是要顧及風險和報酬。萬一還沒定下來之前就已經開始產出內容，這樣會有風險。對方沒有義務在你完成作品時保證一定會買下，因此對方並沒有承擔風險。所以到了談生意的時刻，你有更多談判籌碼也很合理。

權利金（祝你好運）

如果遊戲大賣，參與製作的人也應該得到相應的回饋。不過事實

上，因為遊戲電玩產業的種種複雜因素，很難取得額外獎金和權利金（royalty），但通常要求看看也不成問題。要是銷售超乎預期，你是應該獲得獎勵。

周邊市場

除非你是這份協議的一部分，或是 IP 的創作者，不然很少有機會可以從分得交易利潤。不過，要是有足夠理由的話，也值得開口要求。

舉例來說，要是你創造了一群遊戲角色，並且經過第三方授權成為動作片角色，為什麼你不能分一杯羹呢？聰明的公司會給出這樣的待遇。

藉由過往的一些驚人證據，我們相信當發行商開始削減權利金、取消給程式人員、設計師、編劇和美術設計這筆收入的同時，這些人就會有「想法扣留」（idea withholding）的情況。意思是，即使有好點子也不想交給公司，因為得到的報酬並不划算。於是，他們寧可留著這些想法，直到公司風氣改變，或等到他們換一家公司再拿出來。我們不鼓勵想法扣留的心態，也沒有真的做過這樣的事情，但這卻是真實發生的情況。

公開宣傳

公開宣傳就像列名在工作人員清單上一樣。除非你是通緝犯，不然在各場合亮相不是什麼壞事。有些人會直接在合約裡寫明公開宣傳的規範。最基本的寫法是比照過程中其他人員，包含製作人、設計師、導演等人的「出席方式和出席時間長短」。

差旅交通

WGA 與美國導演公會（Directors Guild America，DGA）均堅持該會會員商務差旅搭乘頭等艙。你不會從遊戲發行商或開發商那裡得到這樣的待遇，而是得乘坐長途班車或是紅眼班機。如果要經常往返，主動詢問對方有沒有商務艙的選擇也無妨。這是善用判斷力並視情況辦事的時候。

另外要知道的是，許多開發商和發行商會在行前很短的時間內才通知要你前往，並期望你先自己支付機票、旅館費用和租車費。接著再請你把開銷單拿來報帳（通常要等一個月以上才會交還給你）。萬一這對你來說很吃緊，也要事先讓對方知道，免得你到時得咬牙度日。

開始動工的時機

在講定工作協議之前應該做多少事情？這視幾個因素而定。幾乎所有專案在一開始都會有「基於誠信」的討論，接著在正式合約鞭策下，我們就會如火如荼展開。在律師們敲定好事項的期間，遊戲開發不能空等超過三個禮拜沒有進度。

協議確認之前

要是你真的很想拿下這份生意，就該盡力去做你該做的事。萬一協議失敗，你還保有自己的創意內容，這也是個誘因。要是這個協議與聘僱公司的素材綁在一起，那就要注意了。基本上，我們採用（也曾違背過幾次）的原則是，在三場會議或是五頁內容之後，就該看出端倪。

正式簽約之前

在雙方協議確認但尚未正式簽約之前，應該做多少事情呢？這時候可以慷慨一點，但也要有所節制。如果對方要你開始工作，可以這麼應對：「你瞧，我知道程序是怎樣走的，這樣吧，我們計畫一個月內簽約、兩個月內領款。」不管在會議室還是電子郵件中，都很適合說出這樣的話，因為這很合理且容易把焦點轉回對方身上，而不用說出：「欸，各位……你們那個負責聯繫此事的傢伙，也該弄點什麼來給我簽了吧？」

收款之前

在收取款項之前應該做多少事？說來可笑，他們期望你能快速寫出五十幾頁的文件，但等到他們自己找人寫個幾行字要別人開支票給你卻是如此緩慢。說實在的，這其實就是要付款的人在那邊不情不願，總要等到最後關頭才兌現。

這一點，再加上公司有很多法律保障做法和政府規範要遵守，因此拖慢了付款流程。

遇到這種情況，你必須善用自己的判斷力。如果你確實簽了約，費用遲早會付給你。但萬一覺得哪裡怪怪的，還是要告知製作人你的疑慮。

如何收款？

對了，務必要追蹤款項紀錄。有可能發生類似情況：你寄出付款通知（invoice，或稱發票）卻收到款項，於是你打電話過去。對方跟你說：「我們都沒有收到你的納稅人表格（W-9）」或是「你要先有請購單（purchase order，PO）」。那要去哪邊領呢？當然是跟他們領呀，只是他們壓根沒提過……於是你又說：「好吧，我再確認一次。你是說沒有請購單號所以還沒付款，可是你收到付款通知都沒反應，是等著我們主動來要嗎？」嗯……

下面是處理這種情況的方法。好好追蹤紙本作業的進度。別把 W-9 表格在郵箱裡給弄不見了。出去跑一趟「把一切搞定」。關注以下幾點要項：

• **保密協議**（通常要等到這件事處理好，才會著手處理真正的內容）
• **W-9**（或是其他稅務及政府相關文件，像是居住證明）
• **簽約**（你的合約）
• **付款通知**（寄出用來收取款項的單據，並詢問是否需要請購號碼）

如果覺得什麼動靜都沒有，應該立刻打電話給聯絡人。可以的話，避免在商務和創作事項上找同一個人洽談。如果可以，盡量遠離處理帳款的事務，付錢請一位經紀人代勞。有些人很擅長這些事，有些則不然。好的

經紀人懂得利用罪惡感、羞愧感、緊迫盯人和任何手段來完成這項任務。

處理遊戲這行的商務事宜是工作中最令人挫敗的事。不管在協議方面有什麼狀況，都不要讓這影響到你在開發過程中的內容創意。

13 職涯考量

找到自己的出發點

「我要怎麼進入遊戲產業這一行？」

這是我們最常被問到、也最難回答的問題，應該沒有意外。

如果有簡單直白的方式可以展開電玩職涯，你大概就不會問這個問題、不會讀這本書了。要進入遊戲業界沒有特定的道路，有專業訓練、內心渴求、和人脈都是影響因素。除了天時加上地利，或許還要有單純的好運。堅持和決心也能提升機會，所以愈多去嘗試，愈可能夢寐以求。

前往行業重鎮

你得置身於行業重鎮才行。雖然網路愈來愈發達，但地點還是很重要。當你踏出第一步，你必須身處遊戲製造活動的熱點，像是矽谷、奧斯汀（Austin）、洛杉磯、西雅圖這些有著健全開發和發行社群的地方。在其他地方發跡也很棒，但不管怎樣，你要加入一個社群，才能在遊戲產業裡有所斬獲。

參加商展

想要見到開發商和發行商，最便捷的地點就是各個遊戲大會：E3 電子娛樂展覽會（Electronic Entertainment Expo）、GDC 遊戲開發者會議（Game Developers Conference）、由互動藝術與科學學院（Academy of Interactive Arts and Sciences）舉辦的 D.I.C.E 設計創新溝通娛樂高峰會（Design Innovate Com-municate Entertain Summit），以及 AGC 奧斯汀遊戲大會（Austin Game Conference）等等，都是名聞遐邇的活動。另外，遊戲公司在 ComicCon 動漫展這類活動上愈發活躍。多多上網搜尋有關遊戲、電影、和大眾文化的會議、商展及研討會等相關資訊。

上網搜尋

所有大型發行商和多數開發商都有公開網站，可供人造訪，進入職缺頁面投遞履歷、或是主動詢問工作機會。另外，你也可以查詢大型遊戲網站，上面有許多發行商和開發商的工作職缺。

閱讀遊戲和 CGI 雜誌

在許多熱門遊戲雜誌的末頁，都可以找到開發商的徵人廣告。3D 繪圖和 Photoshop 後製的專門雜誌上也會有類似廣告。雖然他們沒有在上面找尋像你這類的人才，但總會有聯絡資訊。你可以寄電子郵件或是致電詢問他們除了美術設計師之外的職缺。

利用個人聯絡資料

遊戲產業中的眾多職缺並不會釋出廣告。這些徵才資訊通常是透過業內人士的口耳相傳。要是你認識遊戲從業者，多多跟他親近；或是多認識消息靈通的人，儘管多開口詢問。

考慮獵人頭公司

獵人頭公司的生財之道是透過幫雇主找人，以及簽約。要是你初來乍到，恐怕沒有足夠的信譽和經驗能讓他們對你產生興致。不過，他們對於誰要聘人的消息很靈通。雖然機會比較渺茫，但還是可能接洽到工作，尤其你可以答應他們未來專門為他們獨家工作（當然，這要等你成氣候了）。

產出內容

如果你找到有興趣的一方想進一步了解你對該公司能有什麼貢獻，那你就要能夠展示自己的作品——當然，這意味著你要有作品可以展示。你要備妥遊戲腳本的範本、初步的設計文件，或是概念文件。你要寫下其中一項並附上圖片。不論做什麼，都要呈現專業的內容。製造第一印象只有那麼一次機會。

準備要從基層做起

先求「有」，應該是你的第一要務。如果你入行的職務一開始是助理、遊戲測試員，甚至是在大型發行商的收發室幫忙，你都離目標更近了一點，這也是你伺機而動的好位置。我們合作過的許多位高級製作人和設計師，都是從品管人員做起（也就是遊戲測試員）。從我們的實際經驗看來，遊戲測試員可能是開發團隊中最有洞見的成員之一。

如果你在開發商或是發行商找到工作，要有心理準備那會是基層工作。剛開始時你的薪水可能不多，這沒有關係，因為你藉此獲得的經驗和建立的人脈能補足錢少這一點。

可以的話做點自由接案

不要擔心從自由工作者做起。依照公司來來去去和重組的情況，幾乎可以說每個人都是自由接案者。我們有時候翻過一輪名片，發現沒有人待在同一份工作超過三年。十年內做過五份工作這種事大有人在，不是特例。

就算是待在同一家公司的人，也會因為不斷換專案，而變得跟自由工作者沒什麼兩樣。

堅持但不糾纏

如果能用電子郵件聯繫上遊戲公司，你就有機會了解他們想要徵求怎麼樣的人。要有禮貌、誠實交代自己的意圖、展現你的熱忱，但不要表現得太過頭而惹人嫌惡。遊戲開發工作令人分身乏術，要是團隊中有人好心分享時間和經驗給你，甚至給你一些進入他們公司的有效建議，一定要好好感謝人家，然後就不要再多去打擾。不能保證你一定能得到這份工作，但如果你變得惹人嫌，就保證一定拿不到工作。

行動要項

G 建立一份職涯的遊戲專案

把自己對職涯的期望想像成是在設計遊戲。有哪些必要達成的目標？需要磨練哪些技巧？要去哪裡找到你的目標？現在，規劃你要實踐的三件事情。譬如，針對你已經醞釀多年的創意想法，今天就是你寫下一頁式文件的時機。接下來有什麼可以參加的商展嗎？有的話就規劃參加行程。或許你要把你心愛遊戲的公司列出來，開始去詢問工作職缺。重點是，你是自己職涯的主角。無論是否勝出都是由你而定。

自學

「我要怎麼學會我應該知道的事情？」

這是另一個常見的問題。大概十年前，大家是透過直接實作來學習。現在，則有遊戲設計學院。遊戲公司常常會從校園徵才，因為有學歷總比一張白紙來得好。要知道，遊戲產業不斷成長，大家都在物色新的人才。

除了正規訓練以外，也能透過親自實作來獲得知識。

閱讀

多多閱讀跟本書主題相關的書籍、研究遊戲、訂閱遊戲開發和專門雜誌，並且參與遊戲盛會。這些都是還沒入行的人可以事先了解遊戲開發團隊內部運作的起點。

加入模改社群

在個人電腦（很快也包含次世代的遊戲主機）上，許多熱門的 3D 引擎都有健全的「模改」（modding）社群，你可以加入這些有志成為遊戲設計師和遊戲編劇的人，利用既有的引擎，將自己的內容和美術設計打造成一款自己獨一無二的遊戲。事實上，許多成功的主機遊戲就是從模改開始。由一小群粉絲改作出來的成品，甚至可以媲美遊戲大廠。許多模改社群成為真正的遊戲開發商。類似的遊戲模改則將普及於新世代的平台市場，包含 Xbox 360、PS3 和任天堂 Wii，以連線和支援多玩家做為這些平台的核心策略。

行動要項

α 玩玩看模改遊戲

網路上有許多模改遊戲可以下載，而且不少是免費的。挑幾個來玩玩看，祝你玩得愉快。

尋找實習工作

如果你是學生，找一份實習工作來做。你會得到寶貴的經歷和人脈。

了解遊戲產業的正規管道

我們在加州洛杉磯開設一門叫做「遊戲產業探索」（Survey of the

Game Industry）的課程。這門課的用意是為了讓想以主機遊戲來發展職涯的學生先行熟悉遊戲產業的創意、技術、和商務等議題。這門課要回答關於遊戲產業的四個基本問題：

• 從哪開始？

• 現在所處狀況？

• 未來趨勢？

• 我要如何融入？

　　我們指派「動手實作」的作業，讓學生玩幾個遊戲並且把經驗記錄到日誌中。外聘的客座講師討論遊戲產業底下的各種子議題，包括「與經紀人的合作方式」、「設計師如何發想？」還有「行銷部門為什麼會決定支持某些專案？」在為期十一週的課堂上，學生必須製作電玩遊戲概念文件以展現自己對產業的認識，而這份文件要能夠拿去向遊戲公司進行投售（pitch）。文件內容包括：高階概念、行銷概念、獨特賣點、遊戲總覽、玩家視角文件、所需的美術設計、以及其他由「投售文件範本」（附錄 A）所界定出的類別。

　　班上學員分成四到五人一組，模擬將遊戲推進市場的真實情景。這有助於教導學員電玩製作的不同角色，以及各自的執掌和權責。你在翻閱本書時，有合作對象可以一起進行的話會有幫助。你可能沒有想要籌組電玩創作小組，但在製作遊戲時學習與他人合作仍相當重要，因為可以從中學到觀點的差異。

　　在這門課的結尾，學員建立了在遊戲產業一開始的知識「藍圖」。讀到這裡你可能推論到，本書也是採用類似方法，而書中沒能仿效的是該課程的作業如下：

• 玩兩小時的遊戲並記錄遊戲日誌

• 兩小時的網站搜尋和各式小作業

• 兩小時的期末專案

　　當然，你的期末專案可以利用本書資源所發想的遊戲。我們也要強調，

如果你還沒潛心投入玩遊戲，現在就應該開始。你一定要了解媒介，才能夠提供內容，況且最值得的莫過於透過玩各種遊戲來了解遊戲的運作方式，順便認識遊戲的賣點和為何熱門的原因。

這門課的學員得要接觸各種遊戲、遊戲系統、書籍等等。課程也鼓勵他們分工合作來負責專案的各個部分，包括感謝其他人的幫助。最後一點，不要忘記這是合作媒體，大家會記得誰做了哪些事情。會展上有句格言是「相佇會到」（相遇的到；一路上來來回回多少會遇到同樣的人）。因此，記得要善待他人，這樣或許也能獲得同樣的對待。

自由工作者的原則

我要懺悔：我們違反過每一條原則。就算心裡明白這些原則，卻還是會遭逢意外。不過，如果你選擇當一位自由工作者，遵循這些方針，工作起來會更愉快且報酬更優。

謹守繳交時程
不可以隨便拖延交期。就、是、這、樣。

交出好品質
你交出的作品一定要具備專業品質。話雖如此，還是可以寄出上面有明顯標出「草稿」、「粗略稿」或是「註解版」的半成品。選擇在一切都完成後再交出，也行。這是風格和個人偏好的選擇。要拿捏的點在於，透過對客戶的評估來了解對方想看到的內容。有些客戶希望參與過程，有些只要看到成果。

溝通
公開表示你同時在做其他專案，因為每個人在需要你的時候都會希望

以自己的專案優先。就算你一邊為史蒂芬‧史匹柏（Steven Spielberg）寫電影劇本，也不應該讓人覺得你沒有公平對待他們的專案。對自由工作者來說，最致命的就是沒有認真看待自己承接的案子。

要找得到人

千萬不要無預警失聯、搞失蹤。就算你不是員工，聘請你的人也有資格期待你要回應。想像一下，你想聯繫的對象如果斷掉對外的聯繫管道，會有多讓人挫敗。不要讓自己、客戶、或是團隊伙伴陷入那種情境。要及時回覆電子郵件和電話，就算你正埋頭苦幹或在閉關當中（也就是忙著工作，全心全意為了完成交付項目而努力）。要是你一定得斷訊，不管是因為要出遠門或是其他理由，也要事前告知客戶。

理解議題

你一定要理解技術上和美術上的議題。沒有人要求你要會寫程式，但你必須了解程式設計師的需求。團隊也會期望你具備遊戲設計的基礎可用知識。所幸，本書能夠幫助你達到這個目標。其實，遊戲設計和遊戲編劇的界線有時很模糊。

擁有正確工具

對科技要有合理程度的理解。當然，你得有一台可用的筆記型電腦。除了創意以外，那是你最有價值的工具。請注意，遊戲產業通常使用 PC，如果你用的是 Mac，恐怕會徒勞無功。

另外，要有寬頻網路連線，以及可以接受大型附加檔案的電子郵件帳號、微軟 Word 和 Excel（事件對白往往是用試算表格式來撰寫）、編劇軟體程式（我們使用 Final Draft）、和 FTP 軟體（因為要從發行商或是開發商的網站抓取較大型的檔案）。或許最重要的，就是擁有或能夠使用你為其撰寫遊戲的平台本身。你要盡可能多玩與你專案類別相關的遊戲。你也

可以從開發商或發行商那裡取得開發工具（Dev Kit，經過改造的主機），以便在遊戲推出時玩玩看其中的各種組建。

建立商務防火牆

不要把商務議題和創作議題混在一塊。可能的話，不要和同一群人談論專案的創作和商務層面。如果辦不到，就要在這兩個議題之間做出明顯區隔。理想做法是讓其他人來替你處理與你工作內容相關的商務事宜，這個人可以是律師、經理人、或經紀人（這三者我們都有聘請）。要是你才剛起步，至少需要請資深律師幫你審閱過合約。這是自由工作者必須付出的成本，去找到你信得過又能定期溝通的對象吧。你的律師應該要代表你直接與發行方或開發方的人員對談，讓你專注在專案的創作層面。

自由工作者的成功之道

你爸媽曾經叮囑（或應該告訴）你注意財務狀況的每件事，在你成為自由工作者時都會派上用場。保守一點，不要賺多少花多少，留有緩衝預備金很重要。可以的話，要能在六個月都沒有額外收入的情況下過活。工作之後，就要開始思考退休生活規劃。這對只有二十來歲的人來說可能很可笑，但時光飛逝的速度比你想像的還要快。

自由工作者財務困窘時，就會因為這兩個因素而接下不該接的案件：貪婪或需求。

• **貪婪**：因為做一個爛案子可以得到很大一筆錢。
• **需求**：到處蹭案子，以求得收支平衡。

如果你對一個專案心生懷疑，或是財務陷入困境，很有可能沒辦法把工作做好。這樣不僅會浪費時間，也很可能搞得聲名狼藉。

要怎麼知道一個專案對不對勁？可以做個「派對測試」。要是你和你敬重的同業一起去參加派對，你很樂意跟他們談你的專案，而且不加上但

書「你不會相信他們付我多少錢」那就是好兆頭。你也應該要在談及合作伙伴和公司時感到自在才對。當然，前提是沒有受到保密條款限制，不然就不能多講什麼了。

以美式足球策略規劃遊戲職涯

製作遊戲要花費許多費用。任何一款遊戲對發行商來說都是一大風險，而面對風險就要謹慎行事。發行商需要考量授權許可、遊戲玩法熟悉度、有限的抱負，還有以過去預測未來的典型行銷惡習。照這樣下去，創新會受限。但多數的突破和特別熱銷款又必須創新，所以該怎麼辦？要做新的東西並同時承受風險嗎？要把一切努力拿來投機（賭上時間來把潛在報酬率放到最大）還是要接下領薪水的工作來控管盈虧的範圍呢？

這種兩難，可以參考以下美式足球的比喻。把以下當做是你事業發展的引導：

三碼球

短期快速的專案，能夠支付租金、不跟業界腳步脫節，還有機會讓自己能適度休息。做這樣的專案，可能需要犧牲「一檔」（一個接案機會），但沒有關係，因為還有更多這樣的專案。我們希望同時有好幾個這類型專案在手上。這類案件通常壓力較小，也能進行得有條有理。靠這種「三碼之地內塵土飛揚」寸土必爭的案件，可以進帳不少。

十碼球

這類是扎實的專案，讓你有機會磨練技巧和為履歷增色，並能使你的事業生根。這些專案比較長期、強度高，通常較為知名，因而帶來更大壓力，也比短球更容易形成混亂局面，但在創作上會比較有收穫。

萬福瑪麗亞長傳

這類專案就像是能射門得分的萬福瑪麗亞長傳（Hail Mary），可以從根本上改變你的專業地位和事業。它最好是你自己發起的專案，意思是要自己發想、自己撰寫概念文件、和借用或取材自你個人的藝術作品。萬福瑪麗亞長傳有三個可能結果：

• **未能傳出**：表示沒有成功。

• **遭受攔截**：表示有人喜歡你的點子，但把球搶走，弄成自己的專案。

• **達陣**：創作和財務方面兩全其美，讓這次的投注值回票價。

這種傳球法會以禱告為名，不無原因。實際上，大多數萬福瑪麗亞長傳都沒能抵達終點區。不過，成功的可能性卻值得嘗試，就算（經常需要）要花上幾年來完成。我們總是希望手上能有一項這類型專案在進行。

站在趨勢的前端

娛樂潮流是會改變的。以好萊塢來說，低開銷的恐怖片潮流可能被青春片替代，然後科幻片又變得最為盛行。不論是遊戲、電影、或其他方面，想要當做事業來經營的話，那就要注重潮流。你必須知道當下熱門的內容是什麼，也就是哪些能熱銷、哪些銷不出去。這表示要因為不符合流行而放棄自己熱中的點子嗎？當然不是這樣。但這確實代表你該去看看如何推行想法，而不背離潮流。

記住，遊戲產業就像是電影、電視、音樂、和書籍出版一樣，成為「眾人附和」的產業。成功的遊戲會有許多人爭相仿效。有些做得不錯，有些甚至比原著更為出色。懷疑嗎？看看有多少二戰第一人稱射擊遊戲是以三個英文單字為名，中間的字是 of 或 in（中文也就是「某之某」）。這可不是純屬巧合。懂得這一點，能幫助你在創意發想上掌握趨勢，以便找到一個好的時機，去投售你有如萬福瑪麗亞長傳球一般的點子。

那麼，要怎麼知道你手邊的專案值不值得努力？我們在更後頭會提

到。你可能正在處理一個成功率極低、廢廢的小專案，也可能是我們稱之為「閃閃發光」的案件。除非對遊戲產業有很深刻的認知，不然很難區別兩者間的差異。不過儘管有深刻認識，這也並不容易。

趨勢研究

　　遊戲業有哪些火熱潮流？多讀一些遊戲雜誌、造訪遊戲評論網站，看看自己能不能找出近期的「大事」。這和內容或是遊戲設計有關嗎？有沒有哪個遊戲引起眾人迴響？在這股潮流當中，你能不能改善或是延伸什麼元素，以此創作自己也想要玩的遊戲？把答案寫下來，包括你對於當前潮流中有所喜惡的面向。

請代理人出馬擊敗對手

　　根據我們的經驗，遊戲產業中真正的壞人很少。當然，我們要清楚定義這個詞。這樣說吧，「壞人」是指惡意欺瞞他人的人。他會簽下自己不打算履行的契約，這種人很少，而且很容易從他散發出的「不良氣息」察覺出來。他們有許多敵人，也經常受到痛批。應對這些人最好的方式就是不要和他們打交道。不過，在真實世界中，我們還是得要應對討人厭的傢伙。謹慎行事，盡可能保護自己。這表示你需要律師還有經紀人，不要太勉強用自己的談判技能硬上。現今這個數位時代愈來愈多好萊塢劇碼上演，因此這些人變得更為重要。後面我們會再來討論該怎麼找這些人。現在，先來看看他們的職責。

經紀人

　　經紀人通常會從你所賺取的費用中抽取一成佣金，就算尚未達成工作協議也要支付，除非你們有額外講好的約定。以加州為例，一成佣金是法

律的規範。但是，這會視地點而定，所以你如果對經紀人的商務安排有疑問，務必確認自己所在州或區域的法規。有時候你採用的是「整批交易」，也就是說他們的抽成不是從你身上提取，而是把這份交易的方方面面加總起來計算。這在遊戲產業不常見，但這樣的趨勢也開始增加。

經紀人：

- 替你找尋工作機會
- 協商你的工作協議
- 為你的事業提供諮詢服務
- 幫助你聯繫客戶
- 讓你收到款項
- 向客戶宣傳你的名聲

經紀人也會因為做為你的代表而獲得聲望。你愈有成就，他們就愈有聲望。

律師

律師不同於經紀人，負責處理的是你的合約。他能幫忙商討較繁瑣但重要的協議細節。律師也能應對協議中可能會衍生出的麻煩事。但是，多數律師不會為你訴訟，需要的話，要請另外一類的訴訟律師。律師收取的費用可能是抽成（建議可以從百分之五開始），或是以時數或任務件數計費。在達成協議前，務必先對律師收費有個概念。有人可能會被法律服務費用嚇著了。拿到合約不要草草看過，要好好研讀協議的內容。

如同找經紀人一樣，你愈是知名，律師名聲在你所屬的領域也會更為響亮。

經理人

經理人又是什麼角色呢？他們的職責介於經紀人和律師之間。經理人不同於經紀人和律師，並不需要有核可證照。跟經理人講定合作協議時務

必明確。他們可能想要緊跟著你的專案，這可能會變成協議時的問題。話雖如此，有人幫你宣傳總比沒有好。謹慎選擇，同時也要信任自己的直覺。我們很幸運能與業界優秀的經理人合作。

找到代理人

聘請經紀人或經理人沒有什麼固定公式。要找人代理自己，最土法煉鋼的方式就是找來經紀人名單，寄發詢問信或電子郵件並說明自己是誰、需要找人代理，並請他們看看你的部分作品。許多經紀人只會看由潛在顧客引薦來的新客戶所提交的代理申請資料。所以在開始之前要先篩選名單，把不適合的人排除掉（除非你有業內的人脈，那就要盡可能好好利用）。這麼做能讓你省掉不必要的遭拒窘境。

這裡要注意的重點是，你要呈優秀好的作品給對方看。如果你是遊戲編劇，應該要向他們提出你的腳本、概念文件或初步設計文件的範本。把你完成的作品寄給他們，並列出你負責過的項目。

當然，大家都想要找下一個巨星。在找人代理時，你要好好呈現自己的作品並有專業表現，必須是經紀人很榮幸能轉傳給客戶的內容，甚至要真的能成功販售。

要是你遇到有興趣為你代理的經紀人（或經紀公司），務必花些時間來好好認識對方。你們可能會有不算短的合作期間。問自己以下幾個問題：

- 你喜歡這個人嗎？
- 你能和對方自在地說話嗎？
- 對方握有有效的客戶名單嗎？
- 對方曾經有哪些成就？
- 你能信任對方嗎？
- 對方還代理了哪些客戶？
- 對方有回應你打的電話嗎？

問問你們之間的未來關係發展，問問他對於你職涯規劃的想法。問問他認為你有多少價值。提出這些問題並不容易，但有其必要。

與經紀人的關係往往不會立刻就變得正式。更可能的是你會成為他的「口袋名單客戶」，也就是他還沒有正式承接任務，而且同時在觀察你的進展。如果你感覺很奇怪，或許可以從經紀人的角度來看待這件事。無論你的經紀人多想把你當做家人和給你免費諮詢，他也有自己的車貸、房貸要繳，而且他的開銷可能比你還要多。所以在正式許諾前，經紀人最好要能看見與你合作之後能夠賺錢的可能性。

要是你沒辦法下決定找誰來代理，上網搜尋看看。網路有各式各樣的資訊。

- 盡可能記住你對他的第一印象。你喜歡對方嗎？感覺是對的嗎？
- 與任何人有商務往來時，建議要花點時間來「探探風評」。意思就是利用自己的人脈、打打電話或寄幾封電子郵件來打聽，你可以詢問其他人：「我在考慮和霍華‧史賓克合作，你對他這個人有多少了解？」你會得到不少回應，要做的就是去篩選。
- 把自傲的心情給收起來。有些經紀人會對你的才能和市場發展性有非常直截了當的表達。好的經紀人也會給你建設性的批評。記住，你的成功符合他們的最佳利益；如果沒辦法透過你賺到錢的話，對方根本不想跟你談。

記住，不滿的人通常會比滿意的人還要更大聲。看看你能不能找出箇中規律吧。善用自己的判斷力，低頭祈禱完，就開始找人吧。

編劇與遊戲產業

我們把時間倒退到三十年前。那時的許多遊戲都出自於一位單身宅男之手。我們叫他米奇。他提著塑膠袋到電腦愛好展販賣遊戲，並且把遊戲交給他的朋友。米奇開創了一個產業，只是他當時不曉得。他只不過想把

自己的創意和熱情與他人共享，順便賺點小錢。遊戲是他選用的媒介。而實際上，米奇有許多遊戲都超讚超好玩，有愈來愈多人想要玩。突然之間，米奇發現自己做起一份事業了。現在，他需要美術設計師，最好還有人幫忙接電話。因為電話不算頻繁，所以他找了一個在大學裡上創意寫作課的學生來擔任接待，這個人還能依照需求湊出零星的文字對話、幫忙撰寫故事內容，抑或是編輯首席設計師的文字。

這個「家庭工業」後來有了迅速而長足的發展，最終成為我們現今所知道的產業。不過，腳本和故事能由開發團隊完成的看法始終沒有改變，直到後來外在世界提出要求。這樣的改變背後有兩股推動力量：

- **精細程度**：遊戲的複雜度和視覺效果開始與其他娛樂業競爭，玩家期望寫作和故事的水準能符合該作品其他方面的品質。對於由故事內容推動的遊戲來說，這代表一些傳統要素，諸如對角色的情感投入、逼真刺激的對話，還有引人入勝的情節，都要納入開發過程中。

- **授權方**：當遊戲產業開始重度仰賴通過授權許可的著作（由電影、電視劇、漫畫等改編而來的遊戲），便出現遊戲與許多傳統娛樂社群作品互動的情形。授權方習慣與專業演員、音樂家和編劇合作。當一個遊戲製作是建立在大型跨國娛樂集團所推出的寶貴內容上，授權方的核准就是一大問題。隨著遊戲預算增加、愈來愈多知名人才參與進來，專業故事敘述者加入這個行列也是再自然不過的事情。授權方會要求這些價值數十億美元的角色和系列作品轉換成電玩遊戲形式時，也要有優異的寫作和呈現。

今天的遊戲產業有一點很棒，那就是心態不斷改變。以專業建構的敘事內容受到肯定。與我們合作的出色團隊迎接挑戰，把遊戲的說故事技巧提升到新的層次。萬一我們受到反彈，往往與下列原因有關：

- **成本**：知名編劇的收費高於關卡設計師。

- **控制權**：遊戲開發方很重視控制權，誰不是這樣呢？把龐大的創作要素交給他人掌控，對系統來說是很大的衝擊。

- **開發商之間的親疏關係**：開發商和發行商之間有著複雜而近乎有害的關係。發行商不喜歡冒犯開發商或是改動他們的成員。要是因為授權方的關係而讓某位編劇加入專案，勢必會產生摩擦。

- **對於遊戲故事和角色自然有的抗拒**：發生這種情況的原因有好幾個。遊戲開始時，故事薄弱到幾乎不存在。許多遊戲產業的老手也認為維持這樣就好。畢竟，大家都會按按鈕跳過動畫畫面，不是嗎？

- **此處未提及**：過去，開發方仰賴團隊本身來寫遊戲。想由內部把持的念頭仍然存在，不過態度有所轉變，因為開發商和發行商開始見識到強大專業文字內容的價值。過去我們產業中有好大一部分是授權內容，如今我們開始更看重與開發商和發行商合作的原創 IP（智慧財產）。現在光有遊戲還不夠，你必須要能提出一系列作品。這正是編劇的大好機會。

　　一旦你了解編劇在這個產業的現況，就比較容易避免跌入陷阱。講到這裡，我們就來看看幾個陷阱，希望你能想辦法避開。

瞎忙、徒勞與長遠打算

　　走到死巷的情況有好幾種說法：徒勞無功、被耍得團團轉、白忙一場、做爽的。編劇或多或少都會遇到白費力氣但討不回代價的時候，不過還是有辦法可以避免，或至少把傷害降到最低。

　　如果我們質疑某件事情不是很看好，一般會就以下幾個要項來檢視。我們把這些稱做是「白忙一場指標」：

- 有意願的投資者以前是不是沒有對這門生意的經驗？
- 金錢有沒有經過轉手的證據？
- 是不是有不適當的人參雜進來？
- 是不是感覺不太對勁？

　　我們經歷過數不清的惡劣任務。有的是花上很多時間精力卻沒有任何

成果。有時候，情況比什麼都沒有還要淒慘，合作關係破滅加上浪費了寶貴的點子。徒勞無功有各種不同的形態，通常類似這樣：

- 「我知道這人熱血爆棚，他一直都想要參與遊戲（或電影、音樂專輯）製作。我們要做的是提供他設計（或腳本），然後就讓他進來。我們能掌控一切，他只是要掛製作人的名義而已。」
- 「有間日本開發商的遊戲在 Alpha 階段後六星期遭到取消，而整個團隊就在那邊空轉。我們可以稍加改動遊戲包裝、添加些許新的內容，或是改動玩家的角色模型，就能另外找其他發行商合作。沒問題的。」
- 「這是很棒的授權，只要我們願意免費為它做設計，就能交給我們。」
- 「好吧，行程是很緊湊、起初領的錢也不多……不過朋友一場嘛，利潤也不錯。有什麼好擔心的？」

就是「僥倖心理」

不管你信或不信，即便是資深編劇也會落入這個圈套（我們也不例外）。因為我們始終相信「僥倖案件」搞不好會有真正的成果。

這種僥倖情境可能是這樣：你開了幾場會也寫了幾頁內容，或許也見過出資者。他是個讓人捉摸不定的角色，他幫你付了午餐錢所以你信任他。其實不管怎樣，你就是想要信任他。

匆匆幾個月過去了，什麼動靜都沒有。你追問專案的後續，發現你被人唬弄了，而你終於從他人口中聽說他是個怪人。

隨著事業進展，你會遇到更奇葩的怪人還有更經典的白忙一場。你也會遇到既有信譽也有辦公室的真人要你幫他免費辦事。有時候確實是不得不做，畢竟如果對方要把專案上報給長官（人人都有長官），就得讓他們看到一些進度。問題在於要怎樣處理，情勢才不至於失控。

正如我們所說的，會繼續跟進這種僥倖案件的原因只有一個：偶爾還是會有真正的成果。

要是你花很多時間在創意工作上，你會發現生活中冒出許多有趣的

人。有些人想向你索取東西，主要會是金錢，但不同於一般的要錢方式。他們會要求你做免錢的工作，要你寫東西、產出點子和內容供專案使用。而你一時失算就做了，因為有一些僥倖案件偶爾也會意外帶來報酬。舉例來說，專案一籌莫展。一個你因為僥倖案子而認識的合作對象現在晉升為大發行商旗下的製作人，他聽聞有個團隊正在找編劇。他認識其中的誰嗎？突然之間，電話就打來了。

以下提供幾個我們用來評估要不要接下「僥倖案件」的指引方針：

- 如果少了眼前的甜頭你就不打算做這個專案的話，那就不要接。
- 要跟緊情勢。如果你感覺好像只有你這邊在動作，那就停下來。許多成功的資深編劇會等到真的有腳本了才告訴你。
- 把你工作時間和收費預算提給潛在的雇主。根據我們的經驗，任何可能引發興趣的專案都值得先為它投入三場會議和（或）五頁的內容，但在那之後要有消息才行。必須講清楚、說明白。
- 愈有錢味愈好。盡可能找在決策上能「給過」的人會面。什麼時候能拿到酬勞？請對方交代清楚可以實現獲利的時間，你也要對聽聞到的答案表示同意。
- 清楚向所有人表明，在還沒有人付款之前，你的作品版權握在你自己手上。換句話說，在支票兌現之前，創作內容都由你掌控。這些已知的智慧產權和合作關係等等可能會有些複雜，不過你會弄清楚的。
- 該走人的時候，就要走人。

另一個得益於僥倖案件中的方式，就是確保自己的所有權。舊專案起死回生的情況多到會嚇人。真相是，好點子就是好點子，這些點子可以維持好長一段時間。

把眼光放遠

在穩步邁向成功之前，還是要努力經營。沒有捷徑可走。也就是說，你在這一分鐘是員工，下一分鐘就變身成嚴格的創意人才，或成為一位先知、受委派的工作者、顧問，然後是會議室裡的第三位編劇，接著成為別人指定合作的對象。如果你夠幸運且有才能，到最後你會成為大咖。

相反地，當你把時間精力投入某件事，上面就會有你的印記。你要問問自己是不是想留下這樣的印記。任何一類編劇工作者，包含遊戲創作者，最好能為自己的職涯做好長遠打算，並思考接下來幾年的事業發展。可惜的是，能做到這點的人不多，甚至他們在幾年前做過的專案會反咬一口。

在遊戲業界，這點特別重要。你的好萊塢作品留下的名聲可能持續好幾十年，到了遊戲界最多就是幾個月。沒有人會想聽到你五年或更久以前的作品。一個作品給人的印象最多維持兩年。

多多練功

如果你想成為遊戲編劇，你需要有遊戲腳本的範本。而為了取得好名聲，就必須展現自己可以勝任的能力。遊戲腳本是讓你得以踏入這行的「入場券／名片」。做這一行，你要勤奮練功，也就是獲得更多經驗。沒有人喜歡一直苦練，因此大家都會想辦法讓狀況變簡單一些。我們很自然會想抄近路。你讀了這本書後，已經多走了一步，付出了大多數有志成為編劇的人不願付出的辛勞。如果你也完成了我們建議的各個行動項目，你又再多跨出一步，離成為專業人員的目標又更近了一點。

有為數不少的設計師、製作人、執行人員、和行銷人員在安裝了腳本格式化軟體後就成了編劇。有趣的是，這些人通常能控制腳本，甚至把東西給做出來。他們有時候表現優異（有些遊戲產業的優秀編劇和設計師從未在其他媒體從事過），但通常還是一敗塗地。專業編劇知道在主觀世界裡練習技藝是一件孤獨的事，因為會受他人意見所擺布。這令人挫敗，但

同時也帶來很大的滿足感。

　　奇妙的是，玩一場好遊戲的規則也適用於遊戲開發（在挫敗感和滿足感中間取得平衡）。所以要做好心理準備，接受有挫敗的時刻，也會有滿意的時刻。出發之前，別忘了練功的必要。

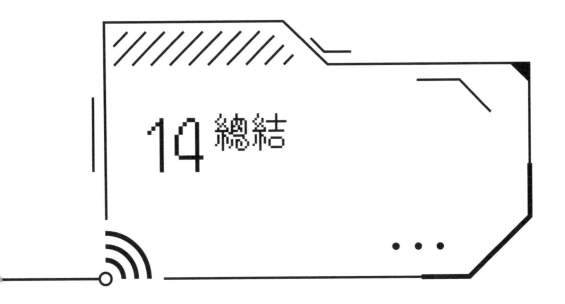

14 總結

跳脫小框框思考

　　遊戲的故事和動畫之所以看起來很不在行，往往就是因為製作者確實不在行。影視學院畢業、蓄六〇年代大鬍子的人不代表就會是很棒的製片人。同樣地，在電腦上安裝 Adobe Premiere 不代表就是優秀的剪輯師。剪輯是門技藝，要好幾年功夫才能專精。如果你讓不專業的人參與，出來的結果就會不專業。同樣地，讓業餘人士配音，聲音聽起來就會是業餘的；找來業餘的陳設師或編劇，得到的結果也會類似。

　　問題在於，一般人會付十五美元購買好萊塢賣座大片的光碟，所以當他們付五十美元買遊戲片時，期望的可不會只是業餘的程度。他們希望每分錢都花得值得。對我們這個產業來說，寧可削減規模也不要削減品質。要是人們願意花二十元看七十分鐘的電影外加一小時有趣的焦點剪輯，他們可能也會願意付五十美元來玩八小時遊戲，外加線上或是多玩家和可以重玩的附加價值（另一個比較也滿令人欣慰：人們可能會為雙人電影票花上五十美元，甚至還沒包含停車費、晚餐費、保母費用、和爆米花錢）。

重點是，我們要確保產品有最佳品質。過去那種一美元可以玩一小時遊戲的年代已經過去了。那是我們在與保姆互相競爭的時期。小孩長大了，但還繼續在玩遊戲，而現在他們很看重時間。他們要的是質、不是量。雖然聽起來有些奇怪和憋扭，但對於遊戲的最高讚譽往往會像抱怨一樣：「實在太短了。」這表示你讓他們想繼續玩下去，而這可是資深玩家很難得會給的評價。通常，一旦感到挫敗、無趣，或有其他更好的東西出來，他們就會擱下手邊的遊戲。

遊戲設計和內容要盡可能追求更好的方向，而不見得要更長、更豐富或是更深層的內容（這幾點並不會互斥）。如果幾天下來能玩得盡興，五十美元的投資也不算什麼，對那些在螢幕之外還有其他生活的進階玩家來說尤其如此。

歸根究底，遊戲做為一個產業，要是沒能擴展到二十多歲這個最閒也最自由，所以可以玩個沒日沒夜的族群，就會成為一個規模很小、很邊緣的產業。我們當然還是希望有這群受眾，他們是主要的遊戲人口，推出好遊戲讓他們滿意是我們的生意來源。不過，影視產業經驗告訴我們，年輕人口的花費受到限制。他們微薄的收入要用來買車、買電視、家庭劇院、iPod 和影片光碟，還要要付房租、下載鈴聲和音樂、觀看運動賽事和電影，甚至還有約會。

說實話，我們很希望能吸引到其他玩家。以下是可以考慮的新族群：誰比青少年多十倍可用收入、而且有的是時間？那就是長輩啊！許多長輩參與過第二次世界大戰。你覺得為這群人精修《決勝時刻》（Call of Duty）這款遊戲怎麼樣？應該很令人期待吧。

另外一個經常被忽略、卻有充分參與需求和資金的族群：父子組合。我們兩位作者都有五到十歲這個年齡層的小孩。跟他們玩遊戲很有趣，但適合他們玩的遊戲卻少得不可思議。我們相信行銷部門一定會有人找一些愚蠢的藉口來反對鎖定這個市場。不過，影視產業觸及這族群時可沒有問題啊。動畫電影蓬勃發展，像是《史瑞克》（Shrek）、《海底總動員》

（Finding Nemo）、《馬達加斯加》（Madagascar）、《超人特攻隊》（The Incredibles）、《森林保衛戰》（Over the Hedge）和《汽車總動員》（Cars）等等。想否認這點的人難道沒有察覺，爸媽會想帶小孩去看一些不會令人作嘔的電影嗎？那麼遊戲產業呢？先別提《聰明兔》（Reader Rabbit）這種學習教育片。要找到適合親子共玩的電玩遊戲實在很困難。換句話說，這些家庭不會把每年數百美元的錢花在遊戲上頭。

那麼這跟遊戲腳本寫作有什麼關係？關係可大了。我們要多做一些實驗，並且得先接受這個產業尚不成熟所以還在尋找方向這個前提。現在才像是來到電影剛邁入有聲的階段。我們已經懂得不一定總是要把鏡頭擺在第八列的中央，可以傾斜、跟拍、縮放、用拖車載運鏡頭。我們也知道有特寫和廣角的拍攝鏡位。我們仍然可能讓觀眾像早期電影觀眾那樣看得目不轉睛或是備感震驚。

遊戲的技術和藝術方面都有長足進展。但基本上，做為遊戲核心的設計和說故事方法卻還沒有達到同樣精熟的程度。遊戲設計還是依循一套標準程序，遊戲故事通常都使用同一種模樣的主角：下巴有稜角、寬肩、過去當過傭兵的獨行俠，有著酷炫的名字，發現了一個要摧毀世界的陰謀，而只有他才可以阻止這件事情發生。不過，就算要跳脫框架也不要太過頭，因為我們就是透過不斷書寫這樣的角色來支應生活所需。我們的挑戰是既

行動要項

G 最終挑戰，遞出你的名片

來一場冒險吧。用一款你沒看過或沒玩過的遊戲來製作遊戲文件。把你學到的一切集結到有待完成的遊戲概念文件中，因為這是令人欲罷不能的好東西。投入時間、精力和熱情，你會很驚訝自己的才能和自己原來是這樣的人。一旦完成這份文件，要真的拿出來使用。你這是可以秀給其他人看的實質成果。這就是你自我介紹的名片。要知道，你能完成一次，就能一而再，再而三做到。

要提出不一樣的創意，又要能在市場上熱賣，這可是遊戲業界人人爭相競逐的終極目標。隨著產業更趨成熟和人才輩出，我們對於更多創意冒險之舉感到樂觀。

希望你也成為其中一位優秀人才。

下一步操之在己

這個產業會往哪前進？我們有很多想法，電玩產業也有幾個明顯的趨向：極度寫實、分集內容、線上呈現。不過說穿了，遊戲的本質就是娛樂。今天流行的，明天可能就會退燒。遊戲類型會隨著潮流變化。當大家都搞清楚狀況了，又會有厲害的遊戲橫空出世，全面改寫當下局面。

也因為如此，我們不會說自己跟你一樣毫無頭緒，因為我們的預測背後有過往的經驗支撐，會更準確。但這不能保證我們說得一定正確。事實上，你的推測也可能成功預言，因為你可能是為遊戲產業開創全新類型的人。那個橫空出世的厲害遊戲，可能就是出自於你。

一直到近期，電玩都處在青少年時期。我們經歷了探勘其他媒體的童年時期，現在要跨入黃金時期，此時，遊戲已經能以自身豐富的媒體內涵來鞏固其地位。我們見過不少當紅的系列作品都是這樣起步的。大家公認，遊戲不只有更宏大的創意野心和豐富的財務收穫，如今，也會因為藝術成就而受到肯定。

在本書撰寫之際，我們手邊正在處理數個專案。我們為了其中一個專案要不要把有關主角的重大訊息透漏給觀眾而各持己見。換句話說，我們思考的是，如果玩家發現自己操作的角色意圖不同於原先表現出來的那樣，會不會因此覺得受到欺瞞。每個人都有自己的意見。我們認為值得一試，因此決定要保留這個轉折。大膽嘗試就是本書的前提之一。

我們身處表演事業。「做表演」的人認為冒險是很酷的事情；「做生意」的人則相反，他們希望走保守路線。大膽賭一把還是不要賭一把，哪

個風險比較高呢？這是娛樂產業不斷經歷的一種兩難處境。

　　而至於另個專案，我們考量的是某個神祕渾沌的世界究竟該透露到什麼程度。是該把神祕內容完全揭曉，還是要用一些線索來吸引玩家而不全盤揭穿？這樣他們會覺得被欺騙嗎？

　　還有另一個專案，我們得照著電影劇本來改編一款遊戲，並且把每一個轉折都推到極致。我們希望電影故事成為遊戲背景的敘事，而不希望有所牴觸或是破壞。換句話說，這款遊戲是做為電影的延伸作品，而不是要把電影中更棒的地方給複製下來。

　　上述的各個專案都帶給我們很酷的挑戰。之所以每一次都能夠成功解決，仰賴一群聰明勤勉的團隊成員做出正確決策，而且更重要的是，他們能成功執行。

　　在撰寫這本書的過程中，我們把讀者你當做是合作的對象。現在我們一同抵達黃金階段。我們希望這本書至少激發了你的創造力，以及提供你踏入遊戲領域的工具和指引。希望能在這條路上與你相會，而屆時你已成了遊戲設計師、編劇、創意執行人員、甚至是我們的競爭對手。天曉得會發生什麼事，或許我們會再次合作。

　　現在，放手去做真正酷炫的遊戲吧！

致謝

　　在我們事業發展這一路上，遇到太多有才能的人一起合作。他們曾經給予幫助，影響、挑戰、挫敗我們，偶爾聘請我們工作，最終讓我們有機會投身在許許多多精采專案中。雖然不太可能感謝所有人，但還是在此盡可能表達我們的謝意。

　　要感謝的對象包括：瑞奇與聯盟的同盟軍（Rich and The Confederates at Union）；參與多項任務的寇斯（Cos）；正午惡棍（The villain from High Noon）；美西編劇公會新媒體（WGAw New Media）的蘇珊娜（Suzanne）、布魯斯（Bruce）、提姆（Tim）與狄恩（Dean）；襲擊小組（The Strike Team）的邁克（Mike）、約翰（John）與羅德（Rod）；法蘭西斯‧德瑞克爵士世家（Sir Francis Drake and the Descendants）；不算太隱密的特務（The Not-So-Secret Agents）賴瑞（Larry）與賈爾德（Jared）；紅寶石長矛戰士（The Ruby Spearmen）的喬伊（Joe）、史帝夫（Steve）、馬爾堤（Marty）、梅格（Meg）與布茲（Buzz）；華納兄弟互動（Warner Bros Interactive）的傑森（Jason）、大衛（David）、海蒂（Heidi）與蓋瑞（Gary）；ZM；基督徒 B.（Christian B.）；遊戲設計學門的推動者克里斯‧史旺（Chris Swain）。

　　另外，也要感謝克里菲（Cliffy）和美國正義聯盟（Prime Justice Society）的其他人士；丹恩‧爵文思（Dan Jevons）、達娜（Dana）與斯派克位元（Spectrobytes）；新賽博坦人（The Neo-Cybertronians）的丹恩（Dan）與羅伯（Robb）；超級英雄聯盟的尼先生（Mr. Nee）與阿姆斯（Ames）；人工心智（Artificial Minds）的瑞米（Remi）、迪尼斯（Denis）、克里斯多夫（Christophe）與娜塔莉（Nathalie）；十三號特務（Agent 13）；艾瑞克（Eric）與大快活公司（The Big Easy），我們一起醞釀出點子的據點。

　　泰崗（Tigon）的虎獅神獸，特別是迦太基人文森‧巴薩（Carthaginian Vincent Barca）與塔尼特修女（Sister Tanit）；計程車司機狄恩 M.（Dean M.）及喬尹（Joey）；CT-RPS 小組的 K 博士（Dr. K.）、喬伊（Joe）、傑洛米（Jerome）、Dick（狄可）、大衛 W.（David W.）、大衛 A（David A.）、史

蒂芬 D.（Steven D.）、丹尼（Danny）、保羅（Paul）、克里斯（Chris）、艾瑞克（Eric）、ICT 的門薩男孩（Mensa Boys），還有某些在公司名錄上沒有清楚歸功的人物；「連通」學院校友（The 'Connections' Alumnus）約翰·瓦登上校（Col. John Warden）、邁特少校（Major Matt）、伊凡（Evan）、登尼干（Dunnigan）、佩爾拉（Perla）與波恩（Bon）；艾德二○九（Ed 209）；傅（Foo）；削力者與鯊魚（The Kryptonauts and the sharks）的蓋瑞（Gary）、大衛（David）、瑟吉歐（Sergio）、馬爾芙（Marv）、山姆（Sam）與克里斯（Chris）；德瑞克與探查者（Drake and the Inquisitors）；瑞曲 G.（Ricky G.）、蓋瑞（Gary）、海瑞斯（Harris）、希爾迪（Hildy）、霍爾 B（Howard B）；安德魯（Andrew）同學與蓋特伍德（Gatewood）同學，還有研究所的艾瑞克（Eric）與維伊（Vi）。

最初參與的伙伴包括：烈焰弓（Sunbow）的麥迦湯姆（Megatom）、驚聲喬伊（Joescream）、究極傑尤斯（Ultra Jayus）、卡羅與突擊隊（Carole and the Commandoes），還有知道賽博坦（Cybertron）祕密的人；程式猴子（The Code Monkeys）；尼克劇場（Nickelodeon）的拉夫（Ralph）及詹娜（Jenna）；瓊·塔普林與祕晶石（Jon Taplin and the Enigmites）；約瑟夫（Joseph）、愛里沙（Alyssa）與 AIAS；路伊吉（Luigi）。

伊賽克斯天方騎士（The Quixotic Knights of Isix）的圖梅爾（Turmell）、威爾許（Welsh）、吉托（Zito）、瑪莉（Mary）與傑洛米·蓋瑞（Jerome Gary）；兩位吉姆（Jim）；鞏尼許上王（King Gornishe）；T.R.A.X. 小隊的彼得（Peter）、麥特（Matt）、雷妮（Renny）、克里斯（Chris），以及茱麗葉（Juliette）、戈登（Gordon）、克萊格（Craig）、鮑伯 L.（Bob L.）與賴瑞（Larry）；P.F. 魔術師（P.F. Magicians）的羅伯（Rob）、麥可（Mike）；塔里龍（The Talisaurus）、瑞秋（Rachel）與機器戰士。

大力感謝法律團隊的領頭者暨外號法律之鷹（Legal Eagle）的理查·湯普森（Richard Thompson）；瑞克（Rick）和塔尼亞（Tarrnie）；回水男孩（The Backwater Boys）的史考特（Scott）和瑞克（Rick）；薩加德與野蠻人（Sagard and The Barbarians）的鹽島（Sultoon Jazeer）、浪子爾吉格（Ergyg the Wastrel）與路希恩（Lucian）；TSORG；約翰 W.（John W.）、道格拉斯 G.（Douglas G.）、路易 N.（Louis N.）與助記符（the Mnemonics）；翱翔的尤加里亞人（The Flying Yugarians）、長腿佩琪（Leggy Peggy）與眾多我們不捨

離別的人；獵戶座（Orion）肩外的烈火襲擊艦。

感謝史基普出版社（Skip Press）；柒（Seven）；火焰工作坊（The Fire Studio）；星之微風（Starbreeze）；傑克‧史雷特（Jack Slate）與安德烈（Andre）；敘利亞 VUG 的比特‧華納特（Pete Wanat）；石榴和捲心菜（Pomegranate and Puce）的 TSR 騎士羅萊（Lorre）、瓦倫（Warren）、瓦德（Ward）、格羅博（Grubb）、海洛伊（Harold）、瑪莉（Mary）、瑪格麗特（Margaret）等人，以及未來的皇家獵逃（the Battle Royale for the Future）；休業的西岸漫畫（West Coast Comic）伙計們：賈斯汀（Justin）、麗莎（Lisa）、希爾迪（Hildy）等人，還有那位我們沒留下名字的鬼靈精女孩；破除風險協定學會（The Risk Treaty Breakers Society）的戴夫（Dave）、史考特（Scott）、比爾（Bill）、羅德（Rod）、麥可（Mike）、傑夫（Jeff）；火刃將軍（Fireblade Commander）薩哈（Zach）；蘇皮者（The Soup Pee-er）；A52 破除小隊（The A-52 Debunk Team）的史丹（Stan）、珊迪（Sandy）與麥可 F.（Mike F.）；星之門（Stargate）；視覺概念（Visual Concepts）；獨石柱（Monolith）；史蒂芬妮 H.（Stefanie H.）；千兆瓦特（Gigawatt）；林 O.（Lin O.）、吉兒 D.（Jill D.）、雷伊 D.（Ray D.）、R.J. 克里瑞（R.J. Colleary）；最後還有約翰 W.（John W.），無論你人在哪裡。

弗林要特別銘謝：

特瑞（Terrie）、格溫娜（Gwynna）、Z 先生（Mr. Z）；破爛咖啡機（The Broken Coffeemaker）；詹恩斯（Jens）的兒子保羅（Paul）提供優秀的批改筆記和鼓勵。

約翰要特別銘謝：

蓋貝瑞拉（Gabriella）、傑克（Jack）和凱特（Kate）；爸媽、莎拉（Sara）和賈斯汀（Justin）。安娜與希斯（Anna and Cees）——你們的名字會留存不滅。O. 博士（Dr. O.）、女侯爵（The Marquis）、二十分錢的東尼（Twenty-Cent Tony）、瑞科（Rico）、弗瑞德（Fred）及口袋火箭（Pocket Rockets）；大麥可（Big Mike）、羅恩（Ron）與奔往拉斯維加斯的那些夜晚，好寶貝。

附錄 A 《回水》遊戲設計文件

遊戲提案：原爆點製作公司（Ground Zero Productions）

版本：2.1

專有及機密資訊

一頁式摘要

標題

《回水》（Backwater）

類型

生存恐怖／動作冒險混合

版本

2.1——初步提案

類別

《回水》是一款緊張刺激的動作冒險遊戲，具有大量獨特玩法元素，營造出驚心動魄的恐怖感。遊戲結合了探索、戰鬥、解謎與創新角色互動系統，讓玩家可以躲避、戲弄和陷害主要對手：銀鐺怪客（Mr. Jangle）。

平台

PS2 和 Xbox

大創意

一個可怕的夜晚，玩家角色依登（Eden）必須通過回水沼澤和深南河口灣，智取並擊敗折磨她的人：一個叫做「銀鐺怪客」的經典恐怖反派。然而《回水》與大多同類遊戲不同的是，玩家控制的是獵物而非獵人。在整個遊戲體驗過程中，玩家會在制訂戰略、陷阱、和牽制銀鐺怪客的同時，不斷面對自己的脆弱恐懼。隨著他們在完全非線性的玩法中前進，將逐漸揭露更多背景故事，幫助他們擊敗銀鐺怪客。

遊戲機制

玩家將控制依登通過《回水》世界中各種多變的地形。依登可以行走、奔跑、爬行、攀登、躲藏、戰鬥、射擊、使用道具、匿蹤、操縱物品、解開謎題、與其他角色互動、跳躍和控制自己的呼吸。探索和戰鬥是遊戲玩法的重要組合。多數互動採用高度電影化的第三人稱視角。然而，依登本身也有一個觀察的功能，允許玩家透過她（第一人稱）的視角觀察世界。

授權

由於預期《回水》將成為擁有巨大市場潛力的系列作品。主要反派銀鐐怪客有著精心鋪陳的小說和背景故事，使他能與其他經典恐怖作品平起平坐，像是弗萊迪（Freddy Kruger，編按：《猛鬼街》〔A Nightmare on Elm Street〕系列電影裡的恐怖人物）、漢尼拔（Hannibal Lecter，編按：《沉默的羔羊》〔The Silence of the Lambs〕等人魔系列電影裡的食人醫生主角）和麥克‧邁爾斯（Michael Myers，編按：《月光光心慌慌》〔Halloween〕系列電影中的殺人狂）。

目標受眾

面向 16 到 35 歲的男女玩家。《回水》有著堅強的女主角和詭譎美麗的世界，很吸引那些喜歡強大遊戲性和驚艷視覺體驗的玩家。為了吸引廣泛的受眾，遊戲具有直覺化的操作和快速的學習曲線。

概念

在《回水》中，你將成為現代鬼怪的獵物。遊戲發生在路易斯安那州沼澤地帶的某個夜晚。

通關條件是必須活到早上。要達成這點，你必須躲藏、逃跑、誤導，並且不斷殺死會無止盡獵殺你的敵人——銀鐐怪客。

《回水》顛覆了 3D 遊戲的標準。與傳統 3D 動作冒險遊戲不同的點是，你在面對獵殺者時可以躲藏也可以攻擊。戰鬥和逃跑都是你的選項。除了火力之外，智慧和勇氣也是你賴以生存的工具。

　　《回水》將被設計為一款即時恐怖遊戲，目標是創造一種令人緊張又心跳加速的終極體驗。玩這款遊戲不只是有趣而已……還相當恐怖。

　　當你在命定之夜穿越遊戲世界時，故事就此展開。敘事中充滿衝突與欺騙。當故事結束時，我們的殺手、不幸的拖車司機，也就是銀鐺怪客的真實身分，將製造最後的恐怖高潮。

　　《回水》的企圖是成為《激流四勇士》（Deliverance）與《南方的安慰》（Southern Comfort）遇上《月光光心慌慌》（Halloween）與《驚聲尖叫》（Scream）的互動式結合體，是一款激烈且驚心動魄的動作冒險遊戲。危險和死亡潛伏在每棵樹的周圍，陰影中隱藏著恐怖……就連蟋蟀聲也顯得險惡不祥。

　　你是這個世界的局外人，只有一個簡單的目標：天亮前活著趕到高速公路。要做到這點，你必須面對折磨人的銀鐺怪客，並想辦法毀滅他。

遊戲摘要

　　比起《恐懼反應》（Fear Effect）或《戰慄時空》（Half-Life）這類由故事驅動的傳統體驗，《回水》創造的是超越按按鈕就能滿足的情緒回饋。

　　我們將帶你進入熟悉的 3D 世界，同時也不想辜負這種類型的期望，因此必須創造全新的遊戲動態。目的不僅是讓《回水》成為有史以來最恐怖的遊戲，也要成為人類可以想像的恐怖極限。

　　我們目前正計畫取得製作《回水》所需的遊戲引擎授權。採用傳統的關卡建造模式來創造世界。部署充滿攻擊性的 AI 架構，是為了使主要反派銀鐺怪客顯得栩栩如生。這一點特別必要，因為遊戲中有許多延伸段落都與銀鐺怪客的移動與搜索行動有關，如果你想逃跑，就必須研究他的行動模式。

隨著遊戲進展，《回水》的故事也隨之展開。比如，當你發現州警的警車時，你可能會走上一條小路，尖叫求救。但當你抵達時，州警卻不知去向。你看到的是拿著鑰匙和警察斷手的銀鐺怪客，於是你爬進車裡，試著拿出鎖在車上的獵槍。

除了探索世界，你還可以利用收集到的物品，包括手電筒、照明彈、繩索、和焊槍等等，來避開或誤導銀鐺怪客。這些物品和其他東西都可能成為機遇武器（Weapons of Opportunity）。

因為這款遊戲的目標是生存下來，因此不會有傳統 3D 遊戲中的彈藥計數器和生命值，取而代之的是疲勞值。

跑步會使你疲倦，最終會減慢速度並導致呼吸聲變大，增加兇手搜查時發現你的機會。因此遊戲的一大重點是玩家要在躲避銀鐺怪客時試著平衡自己的能量。在《回水》中，與銀鐺怪客正面衝突非常危險。

你也可以使用腎上腺素激增的能力。在執行遊戲動作時，腎上腺激增能夠提高速度、協調性、和耐力。腎上腺素透過以下兩種方式觸發：你可以尖叫（當然，這會讓銀鐺怪客注意到你），或是達成遊戲中特定的里程碑以晉升激增狀態。激增的效果會隨著時間的推移而消散，使能力回歸正常。在面對銀鐺怪客時，放聲尖叫帶來的威力強化效果也可以派上用場。

儘管你可以在遊戲中殺死銀鐺怪客，但只有到遊戲結束時才能真正阻止他。事實上，這款遊戲的目標是要殺死銀鐺怪客十三次。你看，他就像九命怪貓一樣！

關於銀鐺怪客有十三條命的原因，可以在幽暗榨取儀式（ritual of the Black Milking）的神話中找到，詳見本文件後續的背景故事小節。這樣的故事奇想給了你很多可以殺害他的特殊機會，包括刺穿他、用貨車輾過他、把他扔進金屬粉碎機、把他推入鱷魚坑裡、或用私釀蒸餾器的高純度威士忌點燃他。

然而，銀鐺怪客卻如果魔鬼終結者般，直到最後仍像是一台無法遏止的機器。每當銀鐺怪客被殺死，他都會帶著更強大的力量復活（儘管他的

外觀看起來更糟）。事實上，銀鑷怪客的本質就是一個不斷進化的關卡魔王，無論外表或行為都會隨遊戲進行而變得愈來愈讓人不安。這意味著，雖然你會經常與銀鑷怪客互動，但他奇異的天性會創造出各種遊戲玩法的條件，以及你需要面對的「新」敵人。

除了銀鑷怪客之外，你還得應付他以幽暗榨取能力操縱的各式相關敵人和生物。

唯有迫使銀鑷怪客用完他的十三條命，才能真正地摧毀他。為了處理銀鑷怪客，你可以收集機遇武器，如機架、斧柄、獵槍、焊槍等等。

銀鑷怪客的弱點是創造他的十三條蛇。遊戲中的十三個地點各有一條蛇。玩家必須捕獲這些蛇，並且放到女爵埃姆小姐的手提箱裡。

一旦蛇回到了箱子裡，那隻多命惡魔就變得容易擊潰。這構成了《回水》遊戲中的狩獵與收集的部分。許多條蛇出現在困難的地點，需要有創意的解決方法和（或）解開謎題才能捕獲（再次提醒，《回水》故事的神話和解釋將在稍後討論）。

確立這些基礎規則後，你就會像試圖毀滅銀鑷怪客的努力一樣地，關心自己的生存。遊戲的設計是基於你身為獵物的角色，因此所有關卡和故事點都會強化你的弱點。

整個遊戲中最好的防禦是逃跑、誤導、設陷阱和（或）在銀鑷怪客的持續追逐中躲藏，直到幽暗榨取儀式的毒蛇收集完畢為止。

遊戲裡會有特殊的隱蔽機會，包括爬樹、或可能隱藏在水下，利用水生植物空心的莖來呼吸。

但這並不表示你沒有攻擊銀鑷怪客的能力。每當你把一條蛇困在手提箱裡，就可以展開攻擊並嘗試奪走銀鑷怪客的一條命。

在許多情況下，與銀鑷怪客及《回水》宇宙中的其他敵人交戰是生存下來的唯一途徑。關鍵是你的角色，依登，永遠不會得到無限彈藥、超級武器，或是其他創造無敵感的遊戲奇想。這個遊戲從頭到尾，對銀鑷怪客及其手下來說，你都是很弱小的獵物。

目標玩家

我們的目標玩家是生存恐怖和一般動作冒險的遊戲迷。《回水》會吸引恐怖愛好者，包括核心型和休閒型兩類玩家。

儘管《回水》並非講述露骨的暴力和大量的殺戮，但它因為調性和內容而被劃分為輔導級（MA）的作品。

這款遊戲講述的是不斷增長的壓力，迫使你面對自己的恐懼。為了生存和最終破關，你得和一些恐怖的遊戲元素交戰，包括多次擊敗銀鐺怪客。儘管這遊戲有著風格變換的魅力，但嚴格上來說，它仍與《惡靈古堡》（Resident Evil）、《沉默之丘》（Silent Hill）、《網路奇兵》（System Shock）等遊戲屬於同一類別。

我們的目標是營造最驚人的恐怖互動體驗。為了實現這個目標，將在輔導級的原則架構下進行《回水》的遊戲設計。

簡介

以下是可能的開場動畫，用以形塑《回水》的情緒和整體感受。

一片漆黑之中，我們聽到一名年輕女子的聲音響起，透露著一股瀕臨恐懼的緊張感……

女子
最後一站至少在十五英哩前。

男子以充滿歉意的聲音回應。

男子
對不起，好嗎？你說得對，依登，是我該好好檢查……

此時畫面淡入……

外景.加油站—夜

鏡頭移至河口灣中心深處一座荒廢已久的加油站。綠色植物爬滿了遮陽棚下的設備殘骸。鏽蝕的絞鏈上掛著一面破損的告示:「提供友善服務和油品」。

我們聽到,有個男子的聲音與背景的四〇年代風格幫浦一同掙扎作響。他叫泰德,二十歲出頭,身材很好,顯然是愛冒險那一型。他將燃油噴嘴從他的最新款跑車上拉開。

泰德
沒事……

泰德上車,那位名叫依登的女子在副駕駛座焦急地等待。依登也二十出頭,她的曲線比泰德的德國輪胎還要曼妙。從她噘著嘴的漂亮臉蛋上看來,這身引擎的性能也比跑車還要好。

泰德發動引擎並看了一眼油表。指針指著「空」。他換檔開出加油站,劃過一條灰塵與碎屑交雜的尾跡。

攝影機穿過空蕩蕩的加油站,停在漆黑加油站的服務中島前面。裡面有一輛破舊的拖車。停頓一拍後,忽然間……

拖車的車燈倏然亮起,像爆炸般點亮了整片螢幕。卡車引擎在一瞬間發出可怕的轟鳴聲。

友善服務,恢復營業……

畫面溶接到:

內景.泰德的車—稍後

泰德試著解決車輛的問題,但失敗了。

泰德
來,再來……

他一邊看著依登,一邊把車開到路邊。油箱已經乾涸,車子引擎發出大聲的控訴。泰德開車通過一座搖搖欲墜的小橋,在路邊的土涵洞旁剎住了車。

依登
現在怎麼辦，泰德？

泰德
可能得走路了……你會原諒我嗎？

依登
你在開玩笑吧？
泰德靠近依登，把臉移到她身旁。

泰德
拜託，依登。我會補償妳的……就在這裡，如果妳想的話……

依登
別開玩笑。

泰德
有何不可呢？我們晚點走路的時候就會有話題可以聊了。而且，這裡除了我們和鱷魚之外，還會有誰……

依登
閉嘴。

依登把泰德拉了過來，他們開始親吻彼此，直到後車窗被強光整個炸亮。泰德和依登掙扎著轉頭看向亮光。

依登的主觀視角（POV）
我們從河口灣夜空的背光中看到那輛寫著「友善服務」的拖車輪廓。

依登
好像是一輛拖車。

泰德
可惡，我有點希望這個危機維持久一點。你想要的話，我可以請他十五分鐘後再過來。

依登明媚地笑了。

依登
我想要的是汽油和方向。

泰德
妳說的對，把門鎖上。

泰德下車時，依登在他臉上輕啄了一下。他關上了駕駛座的車門，依登伸手把門鎖上。

泰德走進拖車的光照範圍後，依登就看不見他了。她單獨度過漫長的等待，然後忽然「啪嗒」一聲⋯⋯

泰德渾身是血，大叫著撞上了車子的側窗。依登尖叫。兩根扣著金屬鏈的拖車掛鉤兇殘地插在泰德的肩膀上。

泰德
救命，依登⋯⋯救命啊！

絞盤的聲音蓋過了泰德的求救和依登的驚叫。泰德忽然被鎖鏈拉向拖車，他巴著車窗不放。

依登呼吸急促，驚魂未定。當她獨自在車裡驚嚇不已，我們聽到泰德痛苦的尖叫聲漸漸消失，然後嘎然而止。依登一動也不動。我們意識到她不會動，她接下來的行動開始由我們控制。

遊戲開始⋯⋯

玩法說明

以下是《回水》開場前幾分鐘玩法體驗的描述，記述於本文件開頭的簡介之後。

玩家所控制的動作和效果都標示在【粗括號】裡面。你控制的玩家角色是依登。

接續開場動畫之後，依登【開啟】車門並離開了跑車。她發現自己身處河口灣的危險情境。依登從遠處【觀察】拖車。拖車的引擎正在運轉，車燈也亮著。依登【蹲下】，然後從跑車旁【爬行】到路邊的灌木叢中。她的【疲勞值】還很低，所以呼吸尚且平靜。她【躲藏】在一棵傾倒的樹下，【觀察】是否有路可以通往拖車後的橋樑。

依登【聽到】右邊傳來鑰匙發出的鏘啷聲。她回頭【觀察】聲音的來源是泰德車子【撞毀】的側窗。依登【看見】【銀鎧怪客】朦朧的【身影】在夜色中逐漸模糊。隨著銀鎧怪客走近，鑰匙的【聲音】愈來愈大。

依登悄悄地從躲藏位置溜走，然後【跑】向拖車。當她開始行動，疲勞值開始【上升】。呼吸音量隨之【加大】，協調性也受到影響。依登跌跌撞撞地【跑】向拖車時，也不忘回頭【觀察】。

抵達拖車的駕駛室，依登【打開】車門。一條巨大的【黑色水蝮蛇】撲向她，但又在她【注視】下快速的滑到卡車地板上。依登【聽到】鑰匙聲愈來愈大。當她抵達拖車後方並發現【泰德】在拖車臂上抽搐時，她的【疲勞值】開始恢復正常。依登【尖叫】，【腎上腺素】上升，給了她一股【暴衝】效果。她在拖車的底座【開啟一箱閃光彈】，並將【閃光彈】加入【物品欄】。依登朝橋樑的方向【衝刺】，她的速度受【暴衝】效果影響而加快。當她抵達橋樑時，回頭看到【銀鎧怪客】逐漸靠近。

當【暴衝】效果結束時，銀鎧怪客出現在依登面前，她跌跌撞撞地【向後】跌在橋上。

依登【使用】物品欄中的【閃光彈】進行武器攻擊。閃光彈點燃，將火焰射到銀鎧怪客的臉上。他被擊退時大聲喊叫。然後，依登抓緊時機【跳】到橋邊的樹枝上。她順著樹幹往下【攀爬】，但她的【疲勞值】已滿，不能在水中【游泳】。她手上拿的【閃光彈】照亮了橋下的排水管。依登猶豫了一會兒，直到她的【疲勞值】和【腎上腺素】穩定下來為止。接著她【爬】進管道，開始【爬行】，希望閃光彈能夠維持到她找到出路為止。當她在管道中努力尋找出路時，【疲勞值】開始上升。

銀鎧怪客在陰影中注視著管道中透出的紅色光暈，開始移動。

依登再次【聽到】鑰匙的聲音。

銀鎧怪客

銀鎧怪客，兇手，恐怖電影中的經典反派。銀鎧怪客因他腰間所繫的

上百副鑰匙而得名。我們會發現這些鑰匙來自於受害者，他將其視為戰利品，並打算將你的鑰匙加入他的鑰匙圈之中。當銀鐺怪客靠近時，你會聽到鑰匙碰撞的鏘啷聲，因此你知道他離你愈來愈近了。

銀鐺怪客可以殺得死，但只是暫時的。每當他死而復生，都變得更加強大和神異。銀鐺怪客的獵殺永無止盡，直到找到你才會停下。但他會被誤導，這為你爭取更多逃跑時間。有時你也會被迫躲避他。

例如，當他搜索你的時候，你可能需要在沉船引擎室的工具櫃中尋找掩護。

除了銀鐺怪客，你還必須面對其他危險，包括鱷魚、水蝮蛇、沼澤、流沙、倒塌的礦井等等。

隨著故事和遊戲的推進，銀鐺怪客的超自然面向將逐漸揭露。遊戲結束前，當現實因幽暗榨取而扭曲，你會發現自己面對的是銀鐺怪客的特殊力量與能力。然而，你會找到使用自身力量的方法⋯⋯

非線性結構和風格

《回水》世界由即時 3D 的內外景搭建而成。

這些地點表現出顯著的哥德式風格。四處長滿雜草和植被。環境十分潮溼、有著冷硬黑暗的色調。霧氣瀰漫，低垂至地面。

風格上，角色和世界雖是 3D，卻有著圖像小說般插圖式的外觀。意圖使你進入一個風格化的超寫實世界，創造獨特而引人入勝的探索環境。

由於遊戲中所有行動都發生在月光下的路易斯安那河口灣，你不僅要探索沼澤，還有其他許多獨特的地點。每一個地點都令人驚慌不安，加深恐懼感受。每一處都涵蓋好幾個銀鐺怪客可能突然現身的位置，投射出恐懼不祥的感覺。厚重的陰影、軋軋作響的地板、風吹過的樹木等等。

這款遊戲建立在十三個篇章上，具有獨特的過關敘事，以非線性方式進行遊戲。每一段敘事都現出龐大虛構背景故事的一部分，並揭露一勞永逸擊敗銀鐺怪客的終極解決方案。當晚在沼澤地帶發生的其他相關遊戲敘

事分別位在特定地點，當預設的觸發器被啟動時，事情就會揭穿。

《回水》中的敘事皆是（在遊戲中）即時運行的動畫演出。

每個關卡結束時，玩家將會解鎖部分背景故事，做為過關的獎酬之一。

為此，玩家必須摧毀銀鐺怪客並收集隱藏在該地點附近的蝮蛇響環。這是我們為整個遊戲所建立的遊戲機制。主要目標是找到蛇並摧毀銀鐺怪客。次要目標則包括與其他非玩家角色戰鬥、解謎、尋找物品、探索環境等等。

在遊戲殼層中，一段段被揭露的背景故事採用的是環形的視覺呈現，因此在故事快完成之前，故事的起始和結尾並不會明顯可見。

蝮蛇響環的作用是為遺漏的故事情節預留位置。當一段已完結的背景故事元素被搬上抬面，蝮蛇響環便會快速震動。經過美術指導的處理，它看起來就像是釋放銀鐺怪客力量的終極獻祭巫毒之環。

當你完成背景故事中的所有元素後，便將解鎖最後一個地點，也就是銀鐺怪客的荒廢庭院（友善服務）。

遊戲的起點和終點，按照先後線性順序，發生在個別地點。兩者都不算在十三個篇章之內，而像是書擋一樣包夾住整個遊戲的故事與玩法。

其餘的部分則以非線性方式進行，完全由你決定如何處理。預告元素會在你進入關卡之前預告每一個獨立的地點（關卡）。一旦進入其中一個地點，角色背後的那扇「門」就會鎖上，將他們困在那一篇章的體驗當中。一直到他們抵達關卡中的最後地點，找到蝮蛇響環、解決特殊敵人、解開謎題，並擊敗關卡魔王階段的銀鐺怪客為止。

以下列出遊戲中的關卡／地點。每個地點都有一定數量的 NPC（非玩家角色）：一些人類、一些生物、和（遊戲後期的）一些超自然現象。

• **沼澤／河口灣位置**：經典的河口灣。及腰的水中長滿了樹木。頭頂上是厚厚的樹冠。黑暗中傳來生物的聲響。月光下的水面靜止。螢火蟲和其他昆蟲；鱷魚、蛇⋯⋯會動的生物。

• **廢棄宅第**：長滿了沼澤植物。典型的南方宅第，規模宏大。內部是蓋上

床單的家具和蜘蛛網等等。你可以在此地移動，並搜索每一個房間。這裡有許多地方可供你藏身。不幸的是，也有許多地方供銀鐺怪客藏身。

- **斷橋**：屬於舊州際公路的一部分，但是在潮濕的沼澤中腐爛了三十年。斷橋可能是運河的橋樑，有一個裝滿齒輪的機械室等等。

- **墳場**：典型的南方墓地，墓穴位於地面上，因為地下水位太高而不能在地下埋葬死者。在這詭異寂靜之地的大門內，可以找到許多幽暗榨取儀式的祕密。

- **沉沒的渡船**：包括毀損的賭場、駕駛室、機艙、槳輪等。

- **私釀蒸餾器**：存放材料或機械的大桶。也許有幾個人在蒸餾器那邊工作。還有一台 49 年的水星牌快速真空器，上面插著鑰匙。但他們會幫助你嗎？他們是為了什麼目的才出現在這裡？

- **廢棄鑽油平台**：鑽井設備、工匠小屋、辦公拖車等等。到處都是油桶。

- **鱷魚養殖場**：一整片耗損又破舊的景點，以及飢腸轆轆的鱷魚。

- **狂歡節花車存放場**：一片雜草叢生之地，堆滿了廢棄的狂歡節花車。超現實和恐怖的程度不分軒輊。

- **軌道車**：生鏽的軌道和一些可入內探索的客運、貨運車廂。

- **巫毒小屋**：幽暗榨取儀式的發生地。不祥、黑暗的氛圍。此地有許多用來釋放幽暗榨取力量的必需品。這是第十三條也是最後一條蛇的出沒地點。

- **老人的小屋**：及時的救贖。附近有一艘沼澤船，裝有足夠的燃料可以帶我們穿越河口灣的某個區域。

- **友善加油站／垃圾場**：最後一個地點，你將在此揭開銀鐺怪客的真面目，並且發現其他受害者或他們的遺骸。這裡堆滿了生鏽的汽車，到處都是雜草和汽車零件。在這座汽車墳墓中，住著老鼠、蛆蟲、還有被焊在鋼鐵方盒中半死不活的受害者。後方是一幢帶有絞盤和地下機械坑的棚屋。另一側是巨大的車輛壓碎機和粉碎機（銀鐺怪客最後的葬身之處）。

遊戲玩法亮點

《回水》的遊戲性由兩個部分構成：探索（包括收集和使用物品、設置陷阱、與非玩家角色互動）和戰鬥。《回水》中的所有元素都將與 RTV 即時影像和預錄動畫天衣無縫地結合在一起。

探索／物品欄道具

探索遊戲世界包含在不同環境中的搜索體驗、與其他可能幫助或傷害你的角色碰面、尋找可以躲避或布置陷阱困住銀鐵怪客的區域。

找到道具後，可以添加到物品欄中。道具包括燈籠、機架、私酒等等。有時你會獲得一些武器，但《回水》的儲物系統設計會符合現實。

你身上攜帶愈多東西，行動就愈慢、愈不靈活，這會直接影響你與銀鐵怪客的遭遇戰。此外，物品欄可不是菲力貓（Felix the Cat）的百寶袋。無論何時，可攜帶物品的數量是有限的。部分遊戲策略涉及攜帶物品的選擇。例如，你無法同時攜帶獵槍、耙子和十字鎬。不過你可以把物品藏在遊戲世界裡的某些地方，並在稍後取回。

你能在遊戲中找到最重要的物品，就是創造銀鐵怪客的十三條蛇。在《回水》的過程中，你會了解牠們的重要性，並意識到水蝮蛇是銀鐵怪客的致命弱點。你得收集蛇和祭祀儀式所需的其他物品，釋放牠們內在的邪惡之氣。有些蛇不好找到，有些很容易找到但不容易收集。

舉例來說，當你抵達鱷魚養殖場時，你會在一座小島上看到蛇。但不幸的是，那座島位在鱷魚坑的中間。此外，有些蛇本身就是魔王的角色，你必須與其戰鬥。

十三條蛇收集完畢之後，你要不斷對抗並反覆殺死銀鐵怪客，此時幽暗榨取儀式開始受到你的控制，遊戲體驗也變得更超自然。

運用你發現的環境和物品設置陷阱，拖慢銀鐵怪客的速度，這也是關鍵的玩法之一。你有機會設置能傷害或誤導銀鐵怪客的陷阱，爭取逃脫的時間。

比如，你可以在蒸餾器設置詭雷，當銀鐺怪客打開其中一座私酒桶時，蒸餾器就會爆炸。要完成這項任務，你必須先找到製造炸彈的材料，並想辦方法引誘銀鐺怪客在蒸餾器中尋找你的蹤跡。

戰鬥

在《回水》中，你除了要在銀鐺怪客的無數次攻擊中求生之外，還得面對現實與超自然的各式敵人。

舉個例子，以上面的蒸餾器來說，釀造私酒的南方佬可能會把你誤認為當地警察並對你開火。你必須閃避槍火，直到說服他們你不是警察為止。然而他們無意友好。事實上，你是闖入後院的陌生人，儘管你以為他們聽到你的故事後會幫你，但他們還是選擇攻擊。

即使知道銀鐺怪客還在一路在追蹤你，但現在你必須與私酒販子展開戰鬥。

當幽暗榨取儀式的魔力在遊戲體驗後期完全發揮作用時，你會發現自己面對的是受害者的亡靈，他們在銀鐺怪客的力量底下起死回生了。這意味著你必須與恐怖的生物戰鬥，創造銀鐺怪客的巫毒之力把牠們製造出來。而打敗牠們的唯一方法，是使用你獲得的幽暗榨取天賦，例如癱瘓（凍結內臟和腦部功能）、獻祭（燃燒敵人）、投影（立刻移動到另外一個區域）、和破碎（以有方向性的意念粉碎肢體）。

要完全擊敗銀鐺怪客，你必須藉他的力量來使力，利用幽暗榨取能力來感染自己。這不僅給你額外的力量和能力，還讓你獲得可以額外起死為生的一條命。這個轉折是遊戲最終的艱難抉擇，因為你必須接受幽暗榨取的邪惡和因果，才能得到它的力量。

主要的遊戲功能

由於《回水》的目標是超越傳統 3D 遊戲的表達方式，我們加入許多提升遊戲體驗的功能，包括獨特的元素以及對標準玩法設計的重新詮釋：

尖叫／腎上腺素激增

所有恐怖體驗的一大反應，都是角色在面對駭人情境時放聲尖叫。在《回水》中，尖叫可以幫助、但也可能傷害你的角色。與傳統生存恐怖遊戲不同的是，你的角色依登並不會毫無情緒地行經遊戲世界。如果她感到恐懼便會做出反應。

《回水》中發生的事情會讓你和你的角色驚聲尖叫。依登尖叫時，她會因腎上腺素激增而使威力增強。這些是在遊戲設計控制下的可觸發預設事件。這些事件也可以受條件控制，取決於你和銀鐺怪客的距離、或是你當前的狀態。儘管你無法控制尖叫聲，但你可以利用它帶來的力量。

尖叫能夠引發腎上腺素激增，在短時間內提升你的力量，但也會使你的能量消耗更快。

遊戲畫面中會有計量條，方便監控腎上腺素和生命狀態。隨著與銀鐺怪客的距離拉大和活動減慢，腎上腺素（角色能量）會隨時間減少。狀態（角色健康）則會慢慢恢復。

腎上腺素會直接影響你的狀態。

尖叫能夠提升你在環境中單純行動所獲得的腎上腺素。如果以依登單純地跑過沼澤為例，腎上腺素永遠不會超過百分之八十，然而尖叫卻能夠讓她的腎上腺素達到百分之百。角色的狀態會影響你的行動能力，諸如攀爬、跳躍、瞄準、躲藏等等。

依登的「激增」（高腎上腺素／低狀態）數值愈高，她發出的噪音（沉重的呼吸聲）就愈大，銀鐺怪客也就愈容易找到她。同時你的敏捷性也會降低，進而影響所有技能。

當腎上腺素滿值，你可以承受更多傷害，表現也更為強大。然而，遊戲基本上仍是被擊中一兩次就會死亡的設計，腎上腺素對此的幫助有限。當狀態歸零時，你的角色就死了。

注意：如果遊戲中有醫療包的設定，它只會出現在與故事相關的合理位置（此規則同時適用於遊戲中的彈藥，以及玩家可使用的其他道具）。

動畫與第一人稱攝影機

我們試圖在《回水》中創造一種高度可玩且令人上癮的遊戲體驗，既美麗又不安。第一人稱恐怖遊戲確實無法創造我們所追求的體驗，因此電影式的第三人稱視角將是我們的預設視角。

但如果有需要，當提示出現時，你可以切換至第一人稱（主觀視角）模式。如上所述，這個選項可以透過開關來切換。

智慧攝影機

智慧攝影機（即時導演）為遊戲營造出獨特的電影感。攝影機可能會藉由提供線索，或是預告依登即將面臨的危險來幫助你。攝影機視角將包括在特定情況下所有與你角色有關的元素，即敵人、陷阱、謎題等等。

我們將建置一張野心勃勃的設計流程圖，其中包含會影響攝影機 AI 的各個條件。這也將涵蓋你與銀鐵怪客和其他 NPC 的相對距離、遊戲世界的圖形與空間幾何、情節點、關卡觸發器、時間、角色的腎上腺素、前攝影機、連續性等等。

根據這些條件，攝影透過電影方式創造一個可行的選擇，優化進行中的遊戲過程。例如，我們可能會在戰鬥中加重某些條件的權重，使智慧攝影機可以在此情況下選擇從頭頂上方更高的角度進行拍攝。我們還會在關卡中設置「磁吸」位置，將攝影機吸到預先設定好的特定區域，以獲得最佳效果。但如上所述，最終決定角度的是攝影機 AI。

第一人稱追蹤視角（掛鎖）

第一人稱視角僅適用於遊戲中的特定地點和特定觸發器。

在《回水》中，你通常會以依登（玩家角色）電影化的第三人稱視角來探索世界。但有時會出現提示，讓你知道此時可以使用第一人稱視角。在此模式中，你可以進入依登的視角來尋找道具、操縱物件、解謎、和瞄準敵人。

此模式還能讓你在移動時持續追蹤銀鎧怪客（或其他選定目標），只要該目標保持在你的視野之中即可。當銀鎧怪客接近時，這對你尋找掩護特別有用。

這個功能方便你持續關注銀鎧怪客的動向。但只能在第一人稱視角使用。在可以選用第一人稱視角的功能時，按下功能按鈕就能啟用。

我們將以切換開關的方式呈現這個功能，以免增添控制器的混亂。

其他重要功能

* **抬頭顯示器 / 螢幕介面**：所有抬頭顯示器都包括物品欄、腎上腺素、和狀態計量條在內的功能，只有在玩家啟動熱鍵時才顯示。這種設計使螢幕在遊戲中大部分的時間能保持乾淨，但需要時可立即叫出使用。
* **可用道具**：所有可與你互動的道具都有價值。如果想成功破關，你會知道該使用、拿取、或摧毀哪個道具。

  解謎的設計即是圍繞這個概念而來，鼓勵玩家與環境互動。我們試著保持世界的觸覺，並使特殊元素看起來明顯可用。目標是避免在玩遊戲時一直撞牆，或讓滑鼠釣在半空中沒有發揮用處。反之，邏輯推理和常識能夠解決遊戲中出現的問題，並幫助你找到可以使用的物品。
* **躲藏模式**：在躲藏模式下，你可以放慢呼吸，盡可能降低噪音，同時盡可能隱藏身形。如果想活下去，你不得不常常躲起來。然而，如果銀鎧怪客發現你了，躲藏是最難起跑的狀態。
* **玩家導向的即時影像（RTV）**：只要在《回水》的特定段落中更改攝影機角度，並以你獨特的玩遊戲風格來觀看動作，就可以選擇體驗遊戲的模式。即時影像中的預設視角是導演預設的極端攝影機角度。你也可以選擇透過敵方（包括銀鎧怪客）或非玩家角色的主觀視角來觀看影像。除了增加視覺複雜性和趣味之外，這個功能還讓你能在某些段落中，以銀鎧怪客的視角來追蹤他，以增強遊戲性。

控制方式

以下列出《回水》中可能的操控配置。所有向前的移動都設定在肩部
按鈕上，讓十字鍵可以控制任何方向的移動。

上	向上行動（站起、攀爬、伸手、懸掛） 向上看
左	向左行動（滾、爬、躲） 向左看
右	向右行動（滾、爬、躲） 向右看
下	向下行動（往下攀爬、爬） 向下看
△	瞄準最近的敵人或目標
○	切換模式（走、跑、潛行、爬、躲藏）
×	使用選定武器射擊或使用指定物件
□	跳
選擇	物品欄
開始	暫停
L1	抬頭顯示器／顯示功能切換
L2	主觀視角（第一人稱視角）功能切換
R1	前進
R2	後退
左類比	十字鍵
右類比	前進／後退

技術

我們正在研究授權的引擎科技做為我們的首選（Unreal、Quake、
LithTech）。

引擎要支援的主要問題是銀鏽怪客的攻擊性 AI，包括複雜的動畫樹。

由於銀鏽怪客不斷在四周徘徊，並隨時可能出現，我們需要將他的存
在完美地融入《回水》之中。他的 AI 必須能夠識別開門之類的觸發條件，

並且知道要去探索其他相連的房間。如果玩家躲在房間不出來的話，銀鐺怪客暫時離開並等待一陣子來誘騙玩家，直到玩家以為海岸線安全了之後再突然出現。如上所述，遊戲體驗的要點之一在於讓玩家在銀鐺怪客面前感覺自己很脆弱。大部分的遊戲技術研發將著重於此一部分。

比如，當銀鐺怪客搜查房間時，你可能躲在床下。他可能會暫停幾分鐘，然後在離開前再次搜索。整個過程中，你必須保持冷靜。這部分的遊戲機制是為了營造張力，迫使你進入生死攸關的情境。

一旦銀鐺怪客發現你，他就會展開無情地追捕。

背景故事

《回水》的故事融合了河口灣周圍的神話傳說，包括且不限於巫毒崇拜和基本教義派。

二十五年前

外景．河口灣—雨夜

黑暗之中，雨聲點點，V8引擎的嘶吼聲漸強，緩慢而穩定……車子的化油器敞開著，旁邊是一個美國大隻佬。

畫面淡入，眼前是一條荒涼泥濘的道路，穿過一片草木茂盛的沼地，天空被持續的大雨遮蓋。背景中是一座風化的單向木棧橋，橫跨沼澤一部分較深的水域。

路邊停著一台深褐色帕卡德（Packard）汽車，後輪爆胎，乍看之下似乎廢棄了。但隨著遠處的引擎聲漸響，我們意識到車旁有人在等著。逐漸接近的車頭燈下，一個人影漸漸映出輪廓，是一位受困的駕駛。一位纖瘦的女子拿著一個大手提箱，站在路中央。救援人員抵達時，她用手遮住了眼睛。

引擎聲驟然停止……

我們從反向的低視角看見拖車的側門。破裂的五〇年代擋泥板、凹陷的車體、鏽蝕的烤漆、只有工作和操過頭才會產生的銅鏽。背景中，我們看到那是一個中年黑人女子，只穿著普通衣服顯得她毫不關心身上的雨水。她透過燈光斜眼看向卡車，當她審視救援者時把手提箱拉近了一些，好像這個動作可以給她一些安全感或保護似的。

拖車門上寫著「拖吊」。車門打開，一個穿著破舊迪凱思（Dickies）靴子的人走下駕駛座，踏進一灘幾乎阻斷人行道的大水坑。鏡頭上移，露出技工的背影，一個身穿油漬工作服的男子，看不見面貌。技工繫著一條大皮帶，上面扣著一個工業尺寸的鑰匙圈。鑰匙圈上似乎掛著上百把鑰匙。當他慎重地走向女子時，鑰匙如珠寶般閃耀。

我們看不到接下來發生的事情⋯⋯

內景 . 車上—接續前面

三個青少年開著六〇年代、有自殺車門的黑色林肯大陸豪華轎車，在黑夜中呼嘯而過。吵鬧的音樂和嬉鬧聲淹沒了高級房車的引擎聲。

坐在前座的是凱。一個亞洲酷小子，他才十九歲。頭髮滑順有型。他的女朋友佩特拉坐在旁邊，頂著一頭染過的頭髮和一身曬過的健康膚色，大約十八歲，曲線優美、眼睛深邃。佩特拉還有些許稚氣未脫，但她彎彎的笑眼可以輕易征服所有認識她的男孩子。

後座是馬庫斯，十八歲，大家都叫他庫斯。顯然是個跟屁蟲、個性木訥、金髮壯碩。

這幾位青少年正在談論沼澤。佩特拉希望凱能開慢點，但他回答說這條路在這裡是有原因的。這裡沒有別的車，沒有速限、沒有規則。庫斯跟著附和，這讓凱開得更快了。

凱鬼叫了一聲，在車子明顯超速後還猛踩油門。佩特拉不情願地跟著一起玩，對凱微笑。後座的庫斯努力抓著前排座位並保持談話。笑聲、音樂和引擎聲愈來愈大，車子開過了木棧橋。

事情在一瞬間發生，凱甚至還來不及踩剎車。

佩特拉放聲尖叫。

我們從擋風玻璃看到修理爆胎的技工，以及站在他身邊持手提箱的黑人女

子。當那輛林肯大陸的引擎蓋正對著他們的時候，兩人才抬起頭來。兩輛車對撞，金屬撞飛金屬。

佩特拉、凱和庫斯在車內被拋來拋去，失控的林肯大陸撞向路邊長滿苔癬的樹木。

凱和庫斯在一片寂靜中醒了過來，檢查佩特拉的狀況並低聲咒罵。他們冷靜下來後讓佩特拉在車裡待著，然後從車裡跳出檢查損傷情形。在拖車大燈的照明中，佩特拉看著凱和庫斯在雨中走向變形的殘骸。

兩位青年看到自己釀成的慘況時，感到驚慌失措。凱和庫斯把女爵埃姆小姐的屍體放回車裡，然後把車推入沼澤。佩特拉難以置信地看著凱和庫斯將技工毫無生氣的屍體拖回拖車上。當他們把車推到水邊時，佩特拉看到了手提箱。她拿起手提箱遞給凱。他打開拖車的門，把手提箱扔進駕駛室。手提箱撞到技工，讓他移動了一下。

凱發現這個人還活著，但來不及了……拖車已經沉入沼澤之中。技工醒過來的時候，從後車窗看向路面的青少年，當他沉入水中時，還不明白發生了什麼事情。

技工努力掙扎，無意中踢開了手提箱。十三條水蝮蛇從破舊的手提箱游進了拖車的駕駛座。

蛇群展開攻擊……

隨著時間推移，我們將發現路上的女子其實是執行任務的巫毒祭司，名叫女爵埃姆小姐。她的手提箱裝有十三條蛇，是用來舉行幽暗榨取儀式的水蝮蛇（萃取蛇毒這件事被稱為榨取）。

女爵埃姆小姐拜訪即將離世之人，並舉行蛇咬儀式。她和她的追隨者相信，蛇毒能在死前驅除血液中的所有罪孽。

但是在銀鑭怪客和你的眼中，不幸的是這些蛇被用在最鄙惡之犯人身上。他們的家人同意將幽暗榨取做為墮落親人的最後救贖。

人被蛇咬時，罪孽便將釋放，邪惡轉移到蛇身上。為了一勞永逸擺脫邪惡，必須把蛇埋葬入沼澤的聖地之中。蛇必須以十三條一組的方式埋葬，沒有食物和水。最終，蛇以彼此為食。在這個過程中，邪惡吞噬邪惡，直到剩下最後一隻水蝮蛇為止。而女爵埃姆小姐隨後會取回僅存的這條蛇，也是最危險的邪惡集合，並在儀式中以其做為犧牲，證明人戰勝了罪惡。而她

被林肯大陸的保險桿撞上之前，正是在執行這場儀式。

這是構成《回水》的神話基礎，推動遊戲玩法和故事向前發展。友善服務加油站的低階拖車司機（編按：即技工）踢開裝滿蛇群的行李箱時，牠們找到除了彼此之外的食物，並立刻開始進食。每一次攻擊都代表一個犯人終其一生的罪孽與邪惡轉移到了技工身上。

銀鐺怪客便是在這個情況下降生世上。

而因為幽暗榨取儀式尚未完成，原本要救贖的犯人反而變成不死的魂靈。他們被困在銀鐺怪客體內，驅動他的力量和對混亂的嗜欲。

我們還將聽聞銀鐺怪客的傳說，以及這三位青少年在此事發生的數年之後所遭遇的恐怖死亡。在遊戲結束前，我們會發現依登來到河口灣並不僅僅是偶然。最後將揭開她身為馬庫斯和佩特拉女兒的身世，面對她父母闖下的恐怖事件，她尋找真相的過程變成與恐怖對抗的一場混亂求生。

其他市場

我們具有內容創作者的獨特優勢，可以在許多其他市場和媒體中善用《回水》這個作品。因為我們的成員包括遊戲設計師、製作人和編劇，還有與傳統媒體保持良好關係、在娛樂圈擁有高知名度、高影響力、高製作價值的電影導演，我們的目標是將《回水》開發為系列作品……一種可以無縫轉移到其他媒體的授權作品，包括原聲帶 CD、圖像小說系列、以及劇情長片／電視節目的可能性。

《回水》被設定為三幕劇故事。在遊戲製作期間，第一幕（包括角色背景故事、神話和世界觀的建立）會放到網路上播放，以此建立對《回水》感興趣的玩家社群。

正式遊戲將在線上故事體驗結束時上市。那些沒有在網路上關注過的人能夠輕鬆了解故事，但那些體驗過《回水》線上展示的玩家，能夠更深入了解他們所面對的情況。

初步生產排程（總共 18 個月）

以下是粗略的初期進度規劃。詳細的微軟 Project 進度表將在初始設計階段完成。

第一季

- 程式設計
- 引擎採購
- 工具路徑規劃
- AI 研發
- 引擎改造計畫
- 生產
- 設計文件
- 敘事腳本
- 關卡布局規劃
- 美術
- 角色與世界概念設計
- 美術方向及顏色、風格布局指導

第二季

- 程式設計
- 工具路徑規劃
- AI 設計文件
- 引擎模組文件
- 生產
- 完成設計文件
- 謎題設計
- 完成敘事腳本
- 第一個關卡布局和工具
- 聲音設計和配音選角

- 美術

- 角色建模

- 紋理貼圖

- 敘事分鏡表

第三季

- 程式設計

- 關卡和謎題程式設計

- AI 程式設計

- 介面和儲物系統程式設計

- 多人遊戲引擎修改文件

- 生產

- 多人遊戲設計文件

- 組建世界

- 設置非玩家角色和敵人

- 以暫代美術資源進行關卡測試

- 配音錄製

- 音效和音樂創作

- 網站上線並開始線上故事連載

- 美術

- 介面概念

- 儲物系統畫面

- 遊戲殼層

- 物件和世界建模

- 紋理貼圖

- 角色建模

第四季

- 程式設計

- 關卡和謎題程式設計

- AI 程式設計

- 完成介面和儲物系統

- 聲音程式設計及工具

- 多人遊戲程式設計

- 生產

- 完成單人遊戲關卡

- 使用暫代美術資源的多人遊戲關卡功能

- 完成 NPC 和敵人設置

- 全關卡測試

- 製作原聲帶

- 開始線上連載

- 人聲表演的聲音剪輯

- 即時影像段落指導

- 美術

- 完成介面

- 完成儲物系統畫面

- 完成角色建模和地圖

- 完成一半的世界美術

- 產出精靈圖（編按：Sprites 是一種將多圖層／角色整合呈現在一張 2D 圖中的技術，而後延伸為將 2D 點陣圖片嵌入在 3D 場景的技術）和視覺特效

- 開始生產即時影像段落

第五季——Alpha

- 程式設計
- 完成謎題和關卡程式設計
- 完成 AI 程式設計
- 多人遊戲程式設計
- 除錯
- 整合即時影像段落和玩法
- 生產
- 完成所有單人遊戲關卡
- 完成所有多人遊戲關卡
- 測試謎題、關卡，並且設置 NPC 非玩家角色／敵人
- 據需求修改
- 完成聲音製作
- 繼續線上連載
- 完成音軌
- 美術
- 完成所有美術
- 據需求修改美術

第六季——Beta

- 程式
- 據完成版需求進行除錯和修改
- 生產
- 遊戲測試和修改
- 為測試階段的玩家發布多人遊戲關卡
- 線上連載配合進入上市期
- 美術

- 線上促銷美術
- 據需求修改

結論

《回水》的遊戲核心是克服恐懼。

目標是成為有史以來最恐怖的遊戲之一，要引發震撼和恐慌，但也要給人鬼門關前走一遭、死裡逃生的滿足感。

憑藉吸引人的角色、豐富的世界、多樣的遊戲玩法、令人同情又複雜的主角與反派，《回水》將超越對遊戲體驗的預期。

《回水》是創新的遊戲設計、故事和角色有衝擊感，運用前瞻性的技術和高水準圖像構成的無縫娛樂體驗。

對玩家有堅定的承諾，同時也創造出一個新的生存恐怖系列和角色，《回水》是一款令人上癮且具有挑戰性的巧妙作品。

概念圖

鋃鐺怪客的早期概念圖如下：

1

2

附錄 B 段落範例

敘事型過場動畫：鋪陳

　　這份鋪陳段落的過場動畫範例，取材自我們為《驅魔神探：康斯坦丁》（Constantine）同名電玩所寫遊戲腳本。以下是遊戲開場的敘事：

淡入：

特寫拍攝琥珀色的液體。威士忌裝在矮腳杯內，不加冰。杯身被舉起，微微盪漾⋯⋯離開景框。底下有兩張面朝下的塔羅牌當杯墊。

過了一會兒，玻璃杯歸位，液體明顯減少，邊緣流下一道細細的血痕。

約翰（旁白）
我原本還希望今晚能平靜。

血液沿著杯壁流下，混入烈酒當中。

室外 . 殘破的好萊塢公寓—夜晚

此地瀰漫絕望的氣息。外觀老舊。起初可能是電影大亨在一九三○年代興建，用來培育新星。後來成為引人注目的景點。適合居住，但好景不常，特別是今晚。

現在，這裡成了死人都不願下葬之地。

從高處某個樓層傳出一聲巨響。鏡頭從街道往上拍攝，照到老舊電話亭、兩棵交會棕梠樹的「X」型，這是高型洛杉磯品種，頂端有著球狀蕨葉⋯⋯

⋯⋯接著進入⋯⋯

內景.湯瑪士・埃爾留（Thomas Elriu）的公寓

湯瑪士・埃爾正遭到畫面裡見不著的敵人暴打。啪啪啪！

他跌進這小公寓裡的家具當中。意圖反擊卻全身晃動，很明顯可見他不是來襲者的對手。接著，他雙腳離開地面，被扔到空中。

砰！

湯瑪士被摔到牆上。灰泥和木頭碎屑噴到鏡頭，同時他的四肢碎裂。有個東西……一閃而過的畫面，像是破碎翅膀的樣子。

然後它就消失了。

湯瑪士奮力移動，在地上爬行，開始唸咒語。低聲講出拉丁文……

湯瑪士
（奮力移動）
我不……懼怕死亡。
我……與光合而……為一，光明啊！

湯瑪士聽見一個低沉的嘶聲呻吟著。聲音愈來愈大，前來殺戮的人愈來愈靠近。

湯瑪士看著迫近自己的影子。有隻惡魔狀的手攫住光，伸出牠的中指。

這根手指在空中來回搖晃，這個姿勢意圖表示「別做這件事」。但湯瑪士愈唸愈大聲。指頭移動到一張依稀可辨的、如同皮製的臉。

低沉的呻吟變成「噓……」輕聲卻充滿力量。

湯瑪士低下頭，等待著命運。牠在轉瞬間來到，模糊了畫面。

畫面跳接：

室內.午夜老爹酒吧—稍後

特寫手部和威士忌酒杯。

煙的蹤跡往上飄。一聲咳嗽。香菸移到臉前，火星燃燒。吸氣。深深吸入肺中。你幾乎可以感受到、嚐到那味道。煙與威士忌混為一體，就像是老

派誘人廣告的設計。

又一聲咳聲，約翰・康斯坦丁啜飲一口，安靜下來。他注意到酒中旋繞的血液，不想讓血與酒混在一起。

油和水。

他注視著杯子，擦了擦嘴。

突然之間，康斯坦丁抬頭看，就在一剎那間……

電話響起，

像是一般會想略過的鬧鈴。惡魔酒保接起電話，他的聲音聽起來像是喉中卡著火熱的撥火棍，來自於地獄某處。

惡魔酒保
喂？這裡是午夜老爹
（提高音量）
康斯坦丁，找你的。要轉無線嗎？

酒保把電話遞給他。約翰咳了一聲。

約翰
怎樣？

亨尼西（旁白）
約翰，這次我馬上就打過來找你……

室外.殘破的好萊塢建築—同一時間

亨尼西在電話亭中，先前看到的也是同一座。背景有許多黑白色塊，或許還有輛靈車。有許多紅色藍色的閃光。

亨尼西
……別抱怨說我什麼都不知道……有個名字，叫埃爾留。

鏡頭切到午夜老爹——康斯坦丁

約翰聽到名字後馬上反應。把錢放在吧台上，一口乾了酒，把空杯放回塔羅牌上。

康斯坦丁起身，走向門口。

約翰（旁白）
唉……我原本還希望今晚能平靜。

酒保收起酒杯，注意到底下兩張塔羅牌。

惡魔酒保
（看見卡片，叫了約翰）
欸……

沒有回應。酒保把牌翻開，一張天使和一張惡魔。

約翰（旁白）
但那不在卡牌裡面。

酒保伸手拿錢。這時候，約翰彈一彈指。錢變成一團火焰。

惡魔酒保
該死的，康斯坦丁。
酒保用喝到一半的啤酒杯壓住鈔票。

約翰
我還聽過更慘的詛咒。
（停頓一拍）
慘多了。

康斯坦丁淺淺一笑，接著走出門外。

動畫結束：

過場動畫範例：鋪陳

以下節錄自我們撰寫的腳本《超世紀戰警：逃離屠夫灣》（The Chronicles of Riddick: Escape from Butcher Bay）。

室內 . 星際傳輸—（太空）

強納斯（Johns）站在雷迪克（Reddick）旁，手持武器。

強納斯
起床囉，雷迪克。你該去賺點錢給我了。

強納斯按下一連串的釋放機轉。雷迪克身上的封鎖裝置彈開，雷迪克緩慢
站起身。他看著強納斯手上的武器。

雷迪克
你小心點，強納斯。有可能傷到人。

雷迪克和強納斯
兩人交換眼神，然後……

畫面跳接到：

室外 . 屠夫灣登陸甲板—接續前面

雷迪克走在強納斯前頭，一起離開運輸船，走向屠夫灣這個地獄之口。

雷迪克：
（諷刺口吻，評論四周環境）
屠夫灣啊，強納斯，你還真會帶我到一些好地方呢。

強納斯
聽說食物都發臭呢。
(停頓一拍)
我說不出我會想你這種話，雷迪克。

雷迪克
不說拉倒。
（注意到遠方的霍克西）
……喔，他見到你不是很開心。

鏡頭移到霍克西（Hoxie）身上。

從平台更遠方走來的是霍克西，屠夫灣的典獄長。他的副手阿伯特

（Abbott）和隨行的武裝守衛緊跟在後。

強納斯
霍克西是個商人。現在開始好好配合，我們就能盡快辦好事。

雷迪克
已經結束了，強納斯。

霍克西和手下靠近他們，護衛迅速包圍強納斯和雷迪克。

強納斯
很高興見到你，典獄長。

霍克西靠近雷迪克時，強納斯舉起槍。

霍克西：
所以……這位就是鼎鼎大名的雷迪克先生啊。

雷迪克
霍克西。

霍克西
終於來這兒蹲啦？唉呀，現在起，你任由屠夫灣的宰割……
（對著雷迪克的臉說）我管定你了。

雷迪克看向霍克西，而強納斯試圖插話。

強納斯
我把他移交給你後，就全歸你管了。

霍克西
（接近雷迪克，忽略強納斯）你不會惹麻煩吧？會嗎，雷迪克？我和我的
人都……喜歡解決麻煩。

雷迪克
（平鋪直述的口吻）
強納斯說你近看很醜，我第一次贊同他說的話。

霍克西和雷迪克互看，然後……

霍克西
唷，不錯嘛你。

雷迪克
我盡量。

霍克西
（圍著雷迪克走）
來到屠夫灣沒幾分鐘，就想惹毛我啊，雷迪克？

雷迪克
給來銳利的武器會更快。

強納斯走向霍克西，打斷他們對話。

強納斯
雷迪克賞金加五十，對吧，霍克西？

霍克西把注意力移到強納斯身上，而雷迪克歪了歪頭，給他一個「我就說吧」的神情。

霍克西
（打斷話）
雷迪克大概可以抵掉你欠我的，強納斯。

強納斯
你付不起的話，我還有很多地方可以帶雷迪克去。

強納斯和霍克西互相睥睨，然後……

霍克西
好吧，好吧。我們可以喬個數字，不要太過分，強納斯。不管有沒有加碼，雷迪克都要待在屠夫灣。就這樣，其餘免談。

霍克西示意護衛，他們走過來把雷迪克帶走。

霍克西（繼續講話）
（對著阿伯特說）
我們來處理他吧。

阿伯特
是，長官。

雷迪克走在護衛前方。

雷迪克
（對著強納斯笑了笑）
希望下次運氣好。

強納斯和霍克西看著雷迪克被帶走。

進入遊戲。

《少年悍將》（Teen Titans）鋪陳過場動畫

室內. 電廠－稍後

羅賓（Robin）和鋼骨（Cyborg）往後一步，而大幻魔（Plasmus）和石頭怪（Cinderblock）走進來。星火（Starfire）在一旁看著…..

電磁怪（Overload）……他從電廠發電機提取力量，光火和電弧包圍著他。

鋼骨
（對著羅賓）
每一陣電能都讓電磁怪更強大。

人皮獸
說到你的力量強化……

羅賓
他很快就會變成一團純粹的能量。如果真的發生，他們會結合成……

人皮獸
（對著羅賓）
老哥，別說出口。

羅賓停了下來，但鋼骨繼續完成這個思緒。

鋼骨
三合一怪物

大家都看向鋼骨。

鋼骨
（撇開視線）

怎樣？又沒叫我不能講出來。

酷姬
大幻魔和石頭怪個別行動就已經夠糟了。

星火
我們得想辦法不讓這些壞蛋集結在一起。

人皮獸
沒錯，真正結合在一起。

羅賓
拿下他們吧。上啊，少年悍將！

進入遊戲：

敘事型過場動畫：回報

回報段落，接近《超世紀戰警：逃離屠夫灣》結尾處。

室內.霍克西的辦公室－接續前面

摧毀行動已完成。雷迪克通過破敗的辦公室裡，走向霍克西裝在高牆上的太空艙。

雷迪克在其中一名護衛身旁停下，彎腰拉起他的手臂。

他把那條手臂舉起，把手上裝載的武器瞄準太空艙，然後…

開火

太空艙爆裂，霍克西跌落在地。

霍克西慢慢站起，同時雷迪克走向他。

霍克西
聽著，雷迪克，這其中一定有什……

看見雷迪克的神情後，霍克西立即住了嘴。

雷迪克
我要你船艦的密碼。

霍克西猶豫了。雷迪克把武器往下擺。

霍克西
該死，雷迪克，你不能……

雷迪克
（打斷他）
不能怎樣？說啊，霍克西？

霍克西
喔……當然……密碼收我的桌子裡面。

強納斯醒來。雷迪克呼喚他，同時沒把視線從霍克西身上移開。

雷迪克你能走吧，強納斯？

強納斯：
（恢復中）
嗯，我想可以。

雷迪克
那跑呢？

強納斯
也許可以……

雷迪克對他使了個眼色。

強納斯（接續前面）
但我沒打算要跑。

雷迪克
很好。
（轉回看霍克西）
你的視力如何？

霍克西望向雷迪克，神情困惑。

淡出。

《康斯坦丁》的回報段落

請注意腳本中的替代台詞數量。我們完成稿件後，最終專案評比仍在與開發商和出版商討論中，所以我們同時納入評比高和低的替代台詞。另外也要注意，回報段落（在這裡指的是與巴薩札〔Balthazar〕魔王對決的結尾）通常可以包含下一個目標的鋪陳資訊。你應該盡可能想辦法在動畫畫面中安插多些效果。

時間——2 分鐘

室外．巴薩札建築物的屋頂

巴薩札的位置正合康斯坦丁之意。他走近，把神聖霰彈槍舉至腰間。他旋轉槍讓十字出現。

約翰
有些事情我想知道。你要告訴我。

巴薩札
去你的，康斯坦丁。
（替代）操你媽的，康斯坦丁。
（替代）下地獄吧，康斯坦丁。

約翰
（微笑）
我在接受請求。聽聽這個如何……．「我們在天上的父……」

巴薩札
（痛苦）不！停下來！拜託……

約翰
不要求我，巴薩札。還沒完。

巴薩札
要把臉……轉過去的事……你怎麼說？

約翰

你找錯聖人啦。
（替代）你找錯人了。

（停頓，把神聖霰彈槍放低）

怎麼，上頭干你什麼屁事？
（替代）怎麼，上面的事你擔心什麼？

康斯坦丁開始舉起神聖霰彈槍。

巴薩札
（吐出來）
難吃死了。奶與蜜……饒了我吧……
（替代）食物糟透了。奶與蜜……搞什麼東西……

康斯坦丁把霰彈槍十字架舉起時，巴薩札感到說不出的巨痛……

約翰
錯了，重來。
（回到禱告詞）願你的國降臨……願你旨意行在地上……

巴薩札
好，停下來，快停下來吧……
（停頓一下）
完美主義……是對被詛咒者的折磨。

康斯坦丁放下神聖霰彈槍。

巴薩札（接續前面）
（喘氣）
殺死耶穌的武器，是矛頭。神犧牲在十字架上，上面有祂的血。
（替代）矛頭，羅馬人用來對付釘在十字架上的耶穌。神的犧牲。上面有
祂的血。

約翰
那安吉拉呢？

巴薩札
瑪門（Mammon）把她當成渡橋……踩過去……

約翰
那不是太慘啊。

巴薩
只要一下，康斯坦丁，想像一下。想像瑪門接管後，這城市的榮耀。

巴薩札擠出一抹笑容。

康斯坦丁的主觀視角──瑪門的洛杉磯（幻想段落）
向外，可看見城市場景變幻。地球變成地獄的樣貌。要是瑪門成功就會變
成如此景況。

約翰放下霰彈槍。
他兩眼轉回到巴薩札。

約翰
我要去哪找她？

巴薩札
鴉疤精神醫院。不過已經太遲了。（狂笑）瑪門就要到了。我是在拖延你
的時間，康斯坦丁。你不該相信惡魔……

卡碰！
康斯坦丁一拳打向巴薩札。他不可置信地抬頭看。
康斯坦丁把霰彈槍放低，對準巴薩札的頭部。近距離指著他，槍管冒煙。

約翰
……或是有手槍上膛之人。（扣下板機）在天堂燒毀吧，渾蛋。
（替代）在天堂燒毀吧。

進入遊戲。

《少年悍將》的回報段落

內景．帳篷內

△魔術師曼波（Mumbo Jumbo）倒下時，我們看見帳篷也隨著他一起倒塌。

酷姬
你的馬戲團打烊了，曼波。

鋼骨
⋯⋯轉向魔術師曼波。

鋼骨
你有不少事情要解釋清楚。

魔術師曼波
我會從實招來⋯⋯

羅賓
才怪。

酷姬走向曼波。

酷姬
這超過你的能力了，你是怎麼辦到的？

魔術師曼波
不知道。就是⋯⋯魔法。

羅賓很擔心。

羅賓
一開始有人在搗亂時間⋯⋯現在又有人在操控空間。

人皮獸
唉呀，完全失控了⋯⋯

羅賓
（心想）控制啊。

畫面溶解，進到：
遊戲內對白

遊戲內對白

以下是《康斯坦丁》的段落範本。遊戲內對白是用來加強任務目標，並且提供細微的暗示和指引給玩家，而不需要完整的過場動畫。在這樣的情況下，所有對白都屬於玩家角色，也就是約翰．康斯坦丁。另外也要注意，這些台詞寫於表格內，不採用編劇的格式。這種做法很常用在遊戲內對白。

對白──約翰．康斯坦丁	遊戲設計需求
有個傢伙很享受在這裡嘛。	預示魔王之戰即將來臨
那群傢伙來找我。	敵人攻擊
《惡魔起源》（Naissance de Demoniacs）這本書真是精彩。	約翰需要這本書來繼續
啊，終於有最後霰彈槍的組件，我收下了。	約翰現在能夠組裝霰彈槍
我猜他們知道我來了。	預示敵人攻擊
沒辦法過去。	約翰要找另一條通關的道路
我錯了。	這物件不能用
我得繼續移動才行。	時間緊迫
我沒有特別想被注意，但奇怪的是，我其實也沒有很介意。	約翰對最後一波與惡魔打鬥的評論
鎖住了吧。	門上鎖著
我要進去裡面。	門鎖住的替代說法
在地獄裡總是熱烈歡迎。非常、非常熱烈。	整體評論，視情況使用
我要怎麼過去？	暗示要跨越物體
我知道我要趕緊處理	時間緊迫
你可真慘。	打敗小魔王惡魔時會說的回報台詞
我也只能做到這樣。有一天我自己會上火刑柱，或是更慘。	無痛苦地解決對方
原初的火焰槍……龍之息。	約翰找到新武器
我要把那鬼東西帶出地獄，但我知道書就在附近。	提示：書就在附近
死人像積木般堆疊，地獄有更多燃料可以燒。	約翰對地獄的評論

附錄 C 遊戲專有名詞

　　以下提供實用的遊戲詞彙及其定義。其中許多是產業中標準用法，也有一些是過去幾年來我們自創的，以便在遊戲開發過程快速記述常遇到的議題和元素。

○○七時刻（007 moment）
特別深刻的體驗。特殊，發現的時候會釋出「幹得好」精彩特效、動畫、和分數。

三 A 遊戲（AAA Game）
這是業界對於最優質遊戲的說法，可以當做在學校拿到的等第：藝術（圖像與故事）拿 A、遊戲設計拿 A，程式編排也拿到 A。

能力進展（ability progression）
這系統能使玩家在達成特定事項（打敗魔王、破關、完成小遊戲區塊等）後得到獎酬，像是新動作、角色屬性、增加命中率（跳更高、血量增加）等。

通關測試（acid test）
在實行之前用來驗證點子的方法。

強心劑場景（Adrenalizer scene）
步調變慢時，用來推進行動的場景。

陣營表（alignment chart）
利用表格來說明所有角色的隸屬：善良、中立、邪惡，守序邪惡、中立、混亂的排列組合。源自於《龍與地下城》，很適合用來建造和界定屬性。

Alpha, Beta, Gold
遊戲製作的三個版本。Alpha：遊戲已經整合起來，但資產、遊戲設計、和關卡還在調整精修中。Beta：遊戲已經做好，需經過測試來找出錯誤、微調遊戲設計，並處理最後一刻的修改。Gold（完成版，又稱 Gold Master）：遊戲全數完成。注意，並不是所有情況都適用這套，也有遊戲在完成版後還會有所調整。

彈藥蒐集（ammo hunt）
用來速記到處找尋物品或威力增強道具的特定遊戲設計類別。

下猛藥（amphetamize）
強心劑場景的結構式版本。透過人工方式來促進遊戲的緊張感，計時器就是一個例子。

動態影像分鏡（animatic）
部分動畫式的分鏡腳本，搭配人聲、音樂或音效，為最終成果賦予速度感。

街機遊戲（arcader）
比起一般遊戲，採用街機型態的小遊戲。

跟隨鏡頭（ass cam）
從後方跟隨角色的攝影鏡頭（通常是從後下方）。這是第三人稱動作遊戲的標準遊戲設計鏡頭安排，例如《古墓奇兵》。

幹得好！（Attaboys!）
恭喜玩家完成某件事的小型慶賀場景（表示：了不起）。

聽覺遊戲設計（auricular gameplay）
以聲音為主的遊戲設計。

軸測視角（axonometric）
由上而下觀看的遊戲視角，扁平的遊戲世界。通常用於很抽象的策略遊戲或是軍事模擬遊戲。另見「等軸鏡頭」（Isometric Camera）。

收割（backhook）
在故事較早期布下內容的意外回報。

巴尼（Barney）
遊戲中次要而經常會犧牲掉的角色。源自於

《戰慄時空》（Half-Life）遊戲裡的多種警衛模型。

情節重拍（beat）
組成整體故事的個別情節要素。

嘮叨貝蒂（Bitching Bettys）
遊戲中突然出現以敦促和叨擾玩家執行特定行動的角色，也具備警示用途。

闖關器（blowpast）
遊戲中的一種功能，讓玩家可以通過某道原本無法通過的關卡或挑戰，以免一直繼續卡在該點。

指定藍鞋（blue shoes）
如果是客戶委託的專案，你必須對他們所提的意見交出可辨識的成果，即使你自認有更好的想法。「如果客戶想要藍鞋，就別硬拿紅鞋給他。他才不想要你的紅鞋，他就是那雙藍鞋。」

藍圖抄寫（blueprint copying）
這種創作過程的做法是這樣的：「我們來抄這款遊戲，不過要把科幻冒險模式改成西部片風格。」

龐德感知（Bond sense）
取名自龐德遊戲中的一個功能，讓玩家進入可以看見原本看不見東西的模式。可能會提供必要資訊或是可做的趣事。這種巧妙方式可以解決玩家和龐德本人兩者間存在的差異問題。

保妥適效應（Botox effect）
寫實角色和真正演員之間仍存在的差距。

支線（branch）
從故事主軸（最佳路線）分出來的部分遊戲。

支線玩法（branching）
故事會依據玩家互動而有不同結局或是情節發展的互動冒險的名稱。

打破遊戲完整性（breaking the game）
找到程式碼／AI／設計或其他層面當中的弱點，而使玩家能以非預期的方式破關。有時候，這會轉變為突發行為，就像是潛伏在小行星帶中。

猛按按鈕法（button masher）
透過猛按按鈕來破關，而不是學習連擊技。

報位（call-outs）
提供方向給玩家的對話。

笑點代表（camedy）
模擬出的笑料。就像是兒童漫畫中所有角色對著其實不怎麼有趣的東西大笑，只是企圖成為好笑的象徵物。

鏡頭邏輯（camera logic）
攝影鏡頭背後的邏輯。殺手、偷窺者、導師的視角，告訴你故事的人員安排。

CGI（computer-generated images）
電腦成像。

角色冒險（character adventure）
此類遊戲中，玩家控制遊戲中特定、具代表的角色。

偷吃步（cheat）
讓玩家破關，或是得到蒐集物品和威力增強道具的編碼設定，而非自己掙來。偷吃步在開發過程中目的是為了進行測試；之後會遺留在遊戲當中，讓玩家發掘。

CIG
「在會議室中聽起來很棒」。在投售時聽起來很棒的點子，最後卻無法發揮作用；要不就更糟，因為大家都愛上了這個點子卻無法實行。

動畫畫面（cinematic）
遊戲中的敘事時刻，通常會使玩家失去一部分的控制力。

清整（cleansing）
審視腳本或是著作財產，來去除掉創意參與（通常是要處理權益問題等等）。做法可能包括改掉所有角色和地點的名稱、描述字句（儘管沒這個打算）。這些改變是為了擺脫糾纏不休的人，或是刪掉創作者的權益。

糾纏不休者（Clingons）
沒有合法權益卻死巴著專案不放的人。

小丑車（clown car）
在電玩遊戲（或是電影）中，不斷生出敵人，

當做主角打鬥對象的物體。

蒐集物（collectable）
玩家在遊戲過程中撿拾的項目和物體，幫助他繼續冒險，像是彈藥、補血包、威力增強道具等等。

連擊（combo）
連續執行動作以使出更強力的攻擊。

完成率（completion Rate）
玩家完成遊戲的比例。

奇想設計（conceit）
需要玩家跨越理智來相信的點子。例如，遊戲裡下雨下不停的設計。

概念文件（concept document）
短短的文件（大約十頁）內容列出遊戲中最基本的運作原理、方法、外觀、感受、情節、角色、世界等等。

條件式目標（conditional objective）
為了要做到 X，就要先完成 Y。為了開門，就得拿到鑰匙卡。另見「鎖／鑰匙遊戲設計（lock/key gameplay）」

後果（consequences）
玩家先前做出的決策，事後會回過頭來對他造成影響。這與遊戲世界具有記憶能力的設定互相搭配。

協作操作（co-pp）
多玩家的遊戲設置，同一隊伍的玩家對抗電腦人物。這又稱為協作遊戲設計。

關鍵路徑（critical path）
在支線型遊戲中，主要的故事／遊戲通往成功的道路。也用來描述在遊戲開發中，要完成專案必經的主要路徑。

過場動畫（cut-scene）
就像是電影畫面，但更可能是以內部引擎即時呈現。又稱為「遊戲內（in-game）過場動畫」。

死亡替代物（death equivalent）
（另見「暴力替代物」〔violence equivalents〕）：特別是在兒童遊戲中，用來避免顯現死亡畫面的物件。例如在《特種

部隊》（G.I. Joe）中，我們將敵軍戰機擊落後，畫面中會顯示壞人用降落傘逃跑。

交付目的（deliverable）
製作專案時必須交付的實際工作項目。

打凹蝙蝠俠車（denting the Batmobile）
褻瀆神聖之物。

設計文件（design document）
遊戲的藍圖，在開發過程中會經歷許多次修改和迭代。

可摧毀環境（destructible environment）
關卡內能被摧毀的結構體。

開發商（developers）
實際製作電玩遊戲的公司或是團隊。

鑽石支線（diamond branching）
遊戲中短暫偏離主軸便回歸的分支。分支內容非常有限。

有方向的遊戲體驗（directed experience）
玩家可以控制，但整體結構是以明確線性設計帶來最充分的遊戲體驗。

DWUC（design wanker's useless concern）
設計廢柴的杞人憂天，通常涉及嚴重的過度思考（和「好點子，但不好玩〔L.I.N.F〕」不無關係）。

動態音樂（dynamic music）
根據情境或環境變化或產生反應的音樂，非罐頭音樂。

電梯投售（elevator pitch）
在電梯裡向執行人員或製作人極為迅速的投售行為，例如詢問對方「X 與 Y 的結合，有興趣嗎？」

突發遊戲設計（emergent gameplay）
情況不一定都會照著設計師期望的走向發展。有時候，玩家會找到原先毫無預料的有趣玩法。有時候他們會找出「打破遊戲完整性」的做法；bug 偶爾也會成為賣點。

引擎（engine）
遊戲採用的一套程式碼。引擎分為好幾個細

項，像是物理引擎和圖形引擎。

事件觸發器（event trigger）
觸發新事件以推動遊戲向前發展的行動、地點、或是物體。

說明文字（exposition）
說明塑造遊戲故事、遊戲世界和角色的資訊。

外顯價值（extrinsic value）
除了遊戲本身之外，其他能用來加強體驗的網站、漫畫、行銷比賽等等。

眼睛蜜糖（eye candy）
好看的圖形和視覺要素。

錯誤投售（faux pitch）
在投售階段聽起來很不錯，卻因為各種原因而沒辦法真正執行的點子。

恐懼之物（fear pbject）
在虛構故事中，角色所懼怕的東西。如果場景轉換到專案開發上，則是你在專案中所懼怕的東西。另見「保護想法」（protecting an idea）。

功能膨脹（feature creep）
在遊戲開發過程中加入額外的遊戲設計元件。這個詞通常用在負面情境，表示團隊和設計的焦點變得模糊。

回饋迴圈（feedback loop）
你按下一個按鈕，產生有意義的作用。你理解了這個情況。然後重複同樣的流程。

取物任務（fetch quest）
受派遣而前去取得某個物件。這是遊戲設計的基礎要素，可能會很繁瑣。

第一人稱視角（first-person POV）
以角色的視角來觀看遊戲，就像是用他們的雙眼來看世界，營造出玩家與角色合而為一的錯覺。

心流狀態（flow state）
進入時光流逝而沒有覺察的心理狀態，又稱為「化境」（The Zone）。

丟掉（flushed）
消失，從設計中刪除，不再納入遊戲中。「監獄關卡丟了。」

FMV（full-motion video）
全動態影像。

foo 無法識別、一團亂
一堆創意人員不需要了解的技術事物。

力迫（force）
一種魔法和技藝，迫使玩家往特定方向前進或執行特定的行動，同時營造他有選擇的錯覺。

分位重寫（fractile rewrite）
重寫時，以有系統的方式搜尋腳本，找到特定的要素，像是角色。

凍結部署（freeze，用在編碼、美術、設計和功能）
不再改變。遊戲進入凍結階段時，不能再從遊戲引擎中添加或是刪減東西。有時候有稱為「鎖定」（Lock），就像是一般鎖定功能。

趣味因子（fun factor）
聽起來像是「是啊，這是個很酷的點子，但最終對玩家來說有趣嗎？趣味的點在哪？」這個提問出現很頻繁。

遊戲邏輯（game logic）
依照遊戲邏輯，遊戲中的任何作用都必須合理。

遊戲目標（game objective）
手邊任務，玩家意圖要做的事情。

玩家榮耀（gamer pride）
透過遊戲設計來賦予玩家力量的作為。

蘇門答臘碩鼠（Giant Rat of Sumatra）
懸而未決的神祕議題或是系列作品中遺留的故事。向福爾摩斯致敬的講法。

殘骸屍塊（Gibs 或 Giblets）
角色受攻擊時飛濺出來的身體殘塊。

格拉沃奇（Glavotch）
過於複雜的裝置。

退燒（gornished）

退流行⋯⋯還不至於「受到棄置」，但也不再受青睞，令人感到疲乏。「這在前一陣子還很火熱，但現在已經差不多退燒了。」

見微知著（granular）

用最枝微末節的事物來說明較大的概念、或使其更易於理解。

格羅納（Grognard）

戰爭遊戲愛好者。

神交（Grok）

對一件事情心領神會而不需多加思考。

接地（Grounding）

使故事引發共鳴。設定在熟悉的世界、有熟悉的角色，或採用熟悉的類型。

殺出血路（hack and slash）

跟一波又一波的敵人打鬥，闖出一條通道。

帽上加帽（hat on a hat）

太多點子塞成一個概念。牛仔頭上戴頂帽子，看起來像是牧場主人。但牛仔帽上如果再加一頂棒球帽，他看起來就會變得跟傻瓜一樣。

當頭之轉（head turn）

字面上，角色轉頭來看一個可能很重要的物品。這也是用來討論玩家如何才知道要看向某物的另一種方法（敦促玩家注意某個行動的小動作）。

跳躍式 hoppy-jumpy（platformer 平台遊戲）

需要玩家在平台之間跳躍的遊戲，例如《怪盜史庫柏》、《袋狼大進擊》等。

熱點（hot spot）

螢幕上的特定位置，玩家用游標滑經過熱點時，會觸發特定行動。

想法擴散（idea diffusion）

基本的想法會隨著開發而愈見削弱。

想法漂移（idea drift）

隨著愈來愈多的創意被加入組合中，你的設計和（或）故事的核心元素會失去焦點。

自由假象（illusion of freedom）

優秀的沙盒遊戲試圖營造這種感覺。它始終是一種錯覺，總有侷限和限制。你無法走進每一幢建築物或走遍世界盡頭，最終只有這麼多挑戰和這麼多罐頭對話等等。

無可避免的遊戲（inevitable game）

一旦最初的興奮消退，現實進度和預算壓力開始發揮作用之後，這款遊戲就會真正製作完成。

即時行樂（instant fun）

拿起控制器，開始遊戲。

介面（interface）

圖像遊戲慣用手法，用來提供資訊並幫助玩家與遊戲互動，顯示生命值、彈藥計數器、地圖等等。

儲物（inventory）

角色攜帶的物品。

隱形斜坡（invisible ramp）／關卡坡度（level ramping）

隨著玩家往前推進，遊戲變得愈來愈有挑戰性。遊戲設計的基本原則之一。

等距角度（isometric camera）

自上而下略為傾斜，製造深度感。

這是一種功能啦！（It's a Feature!）

一個快樂的意外，開始時其實是遊戲裡的一個錯誤，最終演變成一種全新的遊戲玩法。當明顯的重大錯誤影響遊戲時，也可以用來開玩笑。

迭代過程（iterative process）

遊戲設計本質上是一個迭代過程。你做了一個一個又一個的版本。通常，每次迭代的變化幅度不大，但有時也是巨大且具破壞性的。

K.I.N.F.（Kool Idea, No Fun.）

好主意，但不好玩。意思是，這個想法在概念上是合理的，但不會帶來有趣的遊戲玩法。

K.I.N.I.（Kool Idea, Not Implementable.）

好主意，但無法實行。意思是，這是很棒的

創意，但不切實際。

K.I.S.S.（Keep it Simple, Stupid.）
保持簡單，保持單純。雖是老哏，但仍值得銘記。

維持存在感（Keeping Alive.）
如果某角色在一段遊戲過程中都沒有登場，提醒玩家其存在。也適用於維持各種情節元素的存在感。

殺死基撒（Killing Keyser）
如果不處理這份毀滅性的筆記的話，整個專案就會崩潰。如果你殺了基撒索茲（Keyser Soze），就不會有《刺激驚爆點》（The Usual Suspects）了。

L.I.N.F.（Logical Idea, No Fun.）
這是合理的想法，但不好玩。

鋪設管線（laying pipe）
設定一些稍後會有回報的東西。

學習曲線（learning curve）
宏觀學習曲線是學習讓玩家進入遊戲的技能和概念；微觀學習曲線是學習如何在任務中擊敗個別事物。這也將導向更快的速度和更高的掌握度。

關卡（level）
遊戲的環境。遊戲關卡就像書籍的章節，難度通常會漸漸提升（不過有許多設計師喜歡設置難易交錯的關卡，以保持玩家的興致）。在情節型的遊戲中，每個關卡都應該推進故事。

外觀與感覺（look and feel）
這兩個詞太常像是一個概念似地被拼湊成一個片語。其實這是兩個概念：外觀是字面上的意思，意指遊戲的外觀；感覺就是遊戲時的感受。

路易吉（Luigi）
安撫某人的模擬練習。

招牌（marquee）
借用自電影產業的一個詞。你賣的究竟是什麼——有名的授權、有名的續作，還是設計？如果有的話，遊戲的招牌元素是什麼？

機制（mechanic）
玩家與遊戲互動的主要方式或核心遊戲模式。

後段故事（metastory）
互動專案中的後段故事是關於故事中所有角色已知或隱含故事的總和。必須考慮每個分支的每一部分：所有可能的對話、所有可能的結果、所有背景故事與世界。

中介軟體（middleware）
取得授權即可用於組建遊戲的遊戲引擎。

里程碑（milestone）
必須沿著主要路徑達到此一目標，專案才可再往前推進。例如，你必須先完成專案的大綱，然後才能開始寫腳本。腳本和大綱都是里程碑的一部分。

任務型遊戲玩法（mission-based gameplay）
玩家需要完成一系列任務才能過關的遊戲。

單調（monotonatic）
一樣的配色、一樣的音樂、一樣的玩法機制。嘖嘖。

滑鼠釣魚（mouse Fishing）
指的是老式的光碟遊戲，你必須到處拖曳游標，直到有趣的事情發生為止。

鬍子（moustache）
對新東西的偽裝，將其與熟悉的來源區別開來。

來看看遊戲的真面目（Now We'll Figure Out What the Real Game Is.）
這是流程中的一個非正式的步驟，當有人意識到資金、美術、硬碟空間、程式設計時間有限，生命又太短暫，就會發生這件事。很少有專案沒經歷過這個階段。這是許多有趣的現象所造成，其中大多數涉及過度樂觀、發行商意外的介入、粗心、以及面對製程現況不斷變動的消極態度。另見「並行設計製程」。

非玩家角色（NPC）
借自「角色扮演」的術語。螢幕中玩家所不能操縱的角色都是非玩家角色。

範式剋星（Paradigm Buster）
一款截然不同的遊戲或電影，從根本上改變了媒體，成為一個獨立的類型。

並行設計製程（parallel pesign process）
同時製作專案中的三個主要元素，並即時衡量一個領域中重大突破所帶來的影響。

古典制約（Pavlovian）
據說所有遊戲的設計都是古典制約，信不信由你。

回報（payoff）
任何獎賞玩家的東西。以故事來說就是敘事鋪陳的結果。

計畫失敗（pear-phaped）
這個術語用來描述當任務型玩法因腳本事件或隨機事件出錯時，導致玩家必須臨場發揮的現象。

爆米花彼特（pete popcorn）
受眾中的普通人。重點是試著描繪受眾的模樣，粗略幾筆即可。

爆米花（popcorning）
一個東西爆炸，旁邊的東西也跟著爆炸，如此連鎖反應以摧毀敵人。

初步設計文件（preliminary design document）
這份文件比較長（有五十至二百頁），詳細介紹遊戲的運作方式，最好包括美術圖像。

保護想法（protecting an idea）
「你在保護什麼？」這類爭論發生的原因，通常是因為某人因為感到專案中的某樣東西受到威脅而加以保護，好比場景、角色、或玩法策略。很多時候，當有人顯得不理性時，他們是在「保護」某些東西。

原型（prototype）
遊戲的工作模型，用來測試核心的玩法概念，以及遊戲的製作是否能夠即時且具有經濟效益。隨著「垂直切片」的出現，大多數的原型已經失寵。

發行商（publisher）
製作、行銷、銷售遊戲且通常為其提供資金的公司，例如美商藝電（Electronic）、動視（Activision）。遊戲發行商也可能有自己的遊戲開發人員。

快速識別功能（quickly recognized feature, QRF）
因為控制方式與同類型的其他遊戲類似，玩家拿起遊戲馬上就可以開始玩（按下十字鍵的上鍵即可移動角色向前進等等）。

布娃娃物理系統（ragdoll）
寫實物理。

紅衫軍（Red Shirt）
注定要死的角色。從《星艦迷航記》（Star Trek）而來。

參考作品（reference title）
為了了解特定設計而需要了解的產品，好比為了了解附件 B 的《回水》遊戲，你應該去看看《毀滅戰士》（Doom）。

重載學習（reload learning）
多次嘗試同一關卡時的學習。基本上，你試愈多次，表現會愈快愈好。與每次死亡都有意義這個概念緊密相關。

可重玩性（replayability）或不可重玩性（lack of replayability）
任何具有線性故事（包含一個結局）的遊戲在可重玩性方面都有其固有限制。一旦你跑完了故事，遊戲就結束了。重玩體驗可以透過獎勵回合（bonus round）和意外事件來擴展，只是一旦故事講完，也就結束了。發行商過去執著於發展可重玩性，現在只要讓玩家獲得滿意的單人遊戲體驗就足夠了。

致敬（ripamatic）
這是從廣告業偷來的術語，因為廣告通常會運用其他從電影、電視劇借來的影像庫或素材，將其重新組合。遊戲也經常重新演繹來自其他領域的靈感素材（如電影），當做遊戲的基礎調性和意圖。

羅夏墨跡測驗（Rorschach）
這份文件或樣本讓讀者或觀眾看到他有興趣的內容。很適合用在銷售行為上；但不適合用在已經賣了東西之後。

發布到生產商（release to manufacture, RTM）
當你聽到這個詞，代表終於可以鬆口氣了。此時你的母片已經脫手，進入壓製和印刷階段。當然，這也意味著你不用再重做第二遍了。當你抵達這個階段，代表你已經完成工作。畫上句點，結束了。

沙盒（sandbox）
在遊戲中的此一區塊，玩家可以隨意漫遊、執行隨機任務、不限定在故事的線性路徑。

進度表猴子（schedule monkey）
每間開發商都有這樣一個人，他會告知你因為時程表未獲許可而不能動作。

施洛邦格（Schlobongle）
一個複雜的麻煩。

劇本論述（scriptment）
劇本和論述的集合，包括整個故事、對話片段、場景、攝影機角度等等。

控制感（sense of mastery）
玩家可以控制整個遊戲和遊戲世界的感覺。

意外因素（serendipity factor）
遊戲中做為整體目標的意外元素。

合理的標準（standard for a reason, SFAR）
具有某種直觀意義而形成的一套標準遊戲規則，像是向右推動搖桿可使角色向右移動。

音效（sound effect, SFX）
聲音的特效。

抽絲（snag）
你想從其他遊戲中抽取出來並加入自己遊戲中的設計元素。

狙擊狩獵（snipe hunting）
在遊戲中無盡的遊盪，尋找不存在或藏得很深的東西。這麼做通常是為了延長遊戲時間或販售攻略本。

聚焦大便（spotlight on a turd）
過分強調情節或遊戲問題，從而引起不必要的注意。

起始至箱率（start to crate ratio）
從開始遊戲，到遇到第一個遊戲老梗所花費的時間（編按：出自莫瑞老頭〔Old Man Murray〕網站中的遊戲評論，指玩家在遊戲中看到第一個木板條箱之前，經歷了多少時間。如果在看到板條箱之前能玩較長時間，代表那是一款不錯的遊戲）。

隱形教學（stealth education）
教學的概念可以透過沉浸的遊戲玩法「潛入」產品中。無論玩家是否察覺，都將透過這個過程學會。

分鏡腳本（storyboard）
藝術家在製作動畫前進行繪製，將動作視覺化，也可用來了解遊戲的玩法。

一塊白板（tabula rasa）
一開始世界或角色是空白的，留待玩家創造。

技術設計文件（technical design document）
遊戲設計文件的補充文件，聚焦於開發專案的程式設計和編碼問題。

特茲斯坦定律（Tezstein's Law）
當你擺脫了一位無能或煩人的經理，這個空缺將無可避免地被更糟的人物給取代。

三隻手（third-handed）
用來描述那些太過複雜，使你得需要第三隻手來操作控制器的玩法。

第三人稱視角（third-person point of view）
畫面中可以看見主角的遊戲視角。

這不是我第一次野餐（This Is Not My First Picnic.）
你已經做過了，並且了解問題和風險。

拇指糖（thumb candy）
有趣的玩法。

倒數計時器（ticking clock）
透過時間限制，為玩家增添緊張感的任何東西。

作品（title）
一款遊戲。

過多資訊（too much information, TMI）
玩家必須先知道哪些事情才能了解遊戲規則和故事等等？我們需不需要龐大的背景故事？我們需要為遊戲規則設計嚴謹的邏輯？

玩具商品化（toyatic）
這個系列作品能做出好玩具嗎？他有玩具商品化的價值嗎？

風衣（trench coat）
用來遮醜的手法。

瑣碎位元（trivbits）
加入遊戲而與遊戲無關的東西，是建構遊戲成為系列作品所依據的元素。

主幹（trunk）
在有線分支遊戲中，主幹是故事的直達線（最佳路徑），與各分支相連接。

微調與修正（tune and tweak）
優化關卡的玩法和細節。

蘿蔔車策略（turnip truck gambit）
有人向你提出「詐欺交易」並認為你根本不知道自己在做什麼；通常帶有侮辱性。

忍者龜（Turtling the Ninja）
採用某個可能會冒犯人的概念，並將其軟化或轉化，使其可以接受。來自八〇年代的《忍者龜》（Teenage Mutant Ninja Turtles），巧妙地把可愛的烏龜賣給媽媽，把忍者劍客賣給小孩。

獨特賣點（unique selling point, USP）
讓人想購買遊戲的特殊元素和功能。

價值體系（value system）
遊戲「世界」中有什麼有價值的事物？世界中的「道德」準則為何？有虛構的價值（好比拯救世界）也有遊戲性的價值（威力增強道具、急救包）。

向量檢查（vector check）
檢查專案，說道：「這是我們想去的地方嗎？」或是逐漸誤入歧途了呢？

垂直切片（vertical slice）
一種特定類型的遊戲展示，將一小部分設想中的遊戲發展到「最終」品質，包括遊戲的設計、機制、美術、和程式。想像它是完整遊戲的一小塊切片。這種方式最近愈來愈流行，因為太多發行商被展示樣品給搞得焦頭爛額，這些樣品的品質或玩法從沒超過臨時階段。

暴力等價物（violence equivalents）
特別是對於兒童內容，以不出現槍的方式來完成槍的功能（膠槍）。這是一種軟化暴力的方法（滑稽音效）。

願景（vision）
推動專案前進、眾人共同希望達成的無形觀點。

六何法（W-5-H）
遊戲結構中的何人（who）、何事（what）、何時（when）、何地（where）、為何（why）、如何（how）。

攻略（walkthrough）
特定關卡（或遊戲）玩法體驗的書面說明。

航點（waypoints）
關卡中的關鍵地點。

除草（weed eating）
從設計和故事中消除非必要元素的過程。

狗海（Zerging）
比起戰術，更依賴以數量壓制取勝的不熟練玩法（出自《星海爭霸》〔Starcraft〕中的特殊外星種族）。

中英詞彙對照表

用戶虛擬環境	UVE（user virtual environment）	129
目的轉換資產	repurposing asset	30
6 畫		
交付標的	deliverable	13, 121-126, 158, 188, 307
任務型遊戲	mission-based game	39
任務宣言	mission statement	124, 152, 166, 191
仿作	knockoff	31
全知敘事者	omniscient narrator	75
全動態影像	FMV (full-motion video)	30, 308
列名（工作人員名單）	credit	222-223
同伴角色	sidekick character	36
回報	payoff	41-44, 53-54, 59, 81, 125, 182, 298-304；詳見各篇
回放解析	autopsy	43
在地化	localization	146
存檔點	save point	84, 102
有限分支	limited branching	40-41
有警覺的敵人	alert enemies	117
死亡的敵人	awakened guard	120
7 畫		
即時影像	RTV（real-time video）	275, 279
即時戰略遊戲	real-time strategy game	11
完成版	Gold	12；詳見各篇「行動項目」單元
忘掉創意	creative amnesia	173, 177
快打遊戲／推趣遊戲	twitch game	30
技術設計審查	TDR（technical design review）	138
投售	pitch	234, 239, 306-308
狂暴	berserk	119
狂戰士	brute	77
系列式	serial	42
系列作品	franchise	第 8 章；詳見各篇
系列作品文件	franchise document	123
角色	character	第 5 章；詳見各篇
角色反轉	character reversal	97
角色生平	character bio	70, 103, 125-129
角色扮演遊戲	RPG（role-playing game）	10, 22
里程碑	milestone	15, 56, 74, 129, 163, 310
8 畫		
事件觸發器	event trigger	145, 180, 308
來源音樂	source music	75
受點評	getting notes	195-199
奇幻 RPG（角色扮演遊戲）	fantasy RPG	10
玩家角色／英雄	PC（player character）／hero	第 5 章；詳見各篇
玩家指示角色	player-directed character	96

國家圖書館出版品預行編目資料

電玩遊戲腳本設計法 / 弗林.迪勒（Flint Dille）, 約翰.祖爾.普拉騰（John Zuur Platten）著；陳依萍、摩訶聖StM4H4 譯. -- 初版. –
　臺北市：易博士文化, 城邦文化事業股份有限公司出版：
　英屬蓋曼群島商家庭傳媒股份有限公司城邦分公司發行, 2022.1
面；公分
譯自：The ultimate guide to video game writing and design.
ISBN 978-986-480-201-2（平裝）

1.電腦遊戲 2.電腦程式設計 3.腳本
312.8　　　　　　　　　　　　　　　　　　　11002010

DA6002

電玩遊戲腳本設計法

原 著 書 名／The Ultimate Guide to Video Game Writing and Design
作 者／弗林・迪勒（Flint Dille）、約翰・祖爾・普拉騰（John Zuur Platten）
譯 者／陳依萍、摩訶聖 StM4H4
責 任 編 輯／邱靖容
監 製／蕭麗媛
業 務 經 理／羅越華
總 編 輯／蕭麗媛
視 覺 總 監／陳栩椿
發 行 人／何飛鵬
出 版／易博士文化
　　　　　城邦文化事業股份有限公司
　　　　　台北市中山區民生東路二段141號8樓
　　　　　電話：(02) 2500-7008　　傳真：(02) 2502-7676
　　　　　E-mail：ct_easybooks@hmg.com.tw
發 行／英屬蓋曼群島商家庭傳媒股份有限公司城邦分公司
　　　　　台北市中山區民生東路二段141號11樓
　　　　　書虫客服務專線：(02) 2500-7718、2500-7719
　　　　　服務時間：週一至週五上午09:30-12:00；下午13:30-17:00
　　　　　24小時傳真服務：(02) 2500-1990、2500-1991
　　　　　讀者服務信箱：service@readingclub.com.tw
　　　　　劃撥帳號：19863813
　　　　　戶名：書虫股份有限公司
香港發行所／香港發行所／城邦（香港）出版集團有限公司
　　　　　香港灣仔駱克道193號東超商業中心1樓
　　　　　電話：(852) 2508-6231　　傳真：(852) 2578-9337
　　　　　E-mail：hkcite@biznetvigator.com
馬新發行所／馬新發行所／城邦(馬新)出版集團【Cite (M) Sdn. Bhd. 】
　　　　　41, Jalan Radin Anum, Bandar Baru Sri Petaling,
　　　　　57000 Kuala Lumpur, Malaysia.
　　　　　電話：(603) 90578822　　傳真：(603) 90576622
　　　　　E-mail：cite@cite.com.my
圖 標 來 源／alpha & beta by Burak Kucukparmaksiz from the Noun Project（https://thenounproject.com）；G by Dmitriy Bunin（https://icon-icons.com）
美編・封面／林雯瑛、陳姿秀
製 版 印 刷／卡樂彩色製版印刷有限公司

2022年1月6日 初版1刷
ISBN 978-986-480-201-2
定價1200元　HK$400

Printed in Taiwan
版權所有・翻印必究
缺頁或破損請寄回更換

城邦讀書花園
www.cite.com.tw